essentials

essentials liefern aktuelles Wissen in konzentrierter Form. Die Essenz dessen, worauf es als „State-of-the-Art" in der gegenwärtigen Fachdiskussion oder in der Praxis ankommt. *essentials* informieren schnell, unkompliziert und verständlich

- als Einführung in ein aktuelles Thema aus Ihrem Fachgebiet
- als Einstieg in ein für Sie noch unbekanntes Themenfeld
- als Einblick, um zum Thema mitreden zu können

Die Bücher in elektronischer und gedruckter Form bringen das Fachwissen von Springerautor*innen kompakt zur Darstellung. Sie sind besonders für die Nutzung als eBook auf Tablet-PCs, eBook-Readern und Smartphones geeignet. *essentials* sind Wissensbausteine aus den Wirtschafts-, Sozial- und Geisteswissenschaften, aus Technik und Naturwissenschaften sowie aus Medizin, Psychologie und Gesundheitsberufen. Von renommierten Autor*innen aller Springer-Verlagsmarken.

Weitere Bände in der Reihe http://www.springer.com/series/13088

Ursula Frede

Psychotherapie mit chronisch schmerzkranken Menschen

Ursula Frede
Öhningen, Deutschland

ISSN 2197-6708   ISSN 2197-6716   (electronic)
essentials
ISBN 978-3-658-35052-9   ISBN 978-3-658-35053-6   (eBook)
https://doi.org/10.1007/978-3-658-35053-6

Die Deutsche Nationalbibliothek verzeichnet diese Publikation in der Deutschen Nationalbiblio-
grafie; detaillierte bibliografische Daten sind im Internet über http://dnb.d-nb.de abrufbar.

Planung/Lektorat: Heiko Sawczuk
Springer ist ein Imprint der eingetragenen Gesellschaft Springer Fachmedien Wiesbaden GmbH
und ist ein Teil von Springer Nature.
Die Anschrift der Gesellschaft ist: Abraham-Lincoln-Str. 46, 65189 Wiesbaden, Germany

Was Sie in diesem *essential* finden können

- Anliegen des Buches ist es, einer Psychotherapie mit schmerzkranken Menschen den Nimbus des Schwierigen und Belastenden zu nehmen.
- Anhand zahlreicher Beispiele werden Aspekte therapeutischen Handelns diskutiert, die Betroffenen dabei helfen, sich selbst zu bejahen als Mensch, der wertvoll ist und bleibt, unabhängig davon, ob seine Schmerzen weniger, stärker oder gleichbleiben werden.
- Im Hinblick auf dieses Ziel werden therapeutische Grundhaltungen sowie konkrete Interventionen beschrieben, abgeleitet aus den Wünschen und Bedürfnissen schmerzkranker Menschen zum einen, aus Untersuchungsbefunden von Neurowissenschaften und Psychotherapieforschung zum anderen.

Inhaltsverzeichnis

Einführung

Ungeachtet aller Forschungsbemühungen in Medizin und Psychologie steigt die Zahl chronisch schmerzkranker Menschen kontinuierlich an. Chronisch schmerzkrank ist man nicht sofort. Man wird es – mit jedem Tag mehr, mit dem die Hoffnung auf Schmerzbeseitigung schwindet. Mit der Erkenntnis, dass der Schmerz bleiben wird, wächst die Trauer über das, was man verloren hat, wächst die Angst vor einer Zukunft mit Schmerz, wächst auch die innere Einsamkeit, weil man an etwas leidet, das in unserer Gesellschaft nicht hoch im Kurs steht. Viele Betroffene suchen nach Hilfe. Doch die Versorgungslage ist keineswegs gut – weder die medizinische noch die psychologische (aerzteblatt.de, 2019). Die Deutsche Gesellschaft für Schmerzmedizin (DGS) beklagt, dass fast 9000 ambulante Schmerzspezialisten fehlen, „um bundesweit rund 3,4 Mio. Menschen mit schweren chronischen Schmerzen adäquat zu versorgen" (Höhl, 2020, S. 10). Im Zentrum gängiger Schmerzkonzepte steht die Suche nach ursächlichen Faktoren für den Chronifizierungsprozess – mit dem Ziel, über eine Behebung der Ursachen auch den Schmerz überwinden, ihn zumindest lindern zu können. Untersucht wurden und werden neurobiologische, genetische, hormonelle, immunologische und myofasziale sowie psychologische und soziale Einflussfaktoren. Ein Überblick über die verschiedenen Ansätze zur Erklärung und Behandlung chronischer Schmerzen findet sich im Standardwerk „Schmerzpsychotherapie" (Kröner-Herwig et al., 2017).

Den chronischen Schmerz zu erklären, ist das eine, mit ihm zu *leben*, das andere. Unabhängig davon, welche Ursachen ihren Schmerzen zugrunde liegen, stehen Schmerzkranke tagtäglich vor der Aufgabe, mit ihnen zurechtkommen zu müssen. Und dabei brauchen sie Unterstützung. Jetzt, also zu einem Zeitpunkt,

© Der/die Autor(en), exklusiv lizenziert durch Springer Fachmedien Wiesbaden GmbH, ein Teil von Springer Nature 2021
U. Frede, *Psychotherapie mit chronisch schmerzkranken Menschen*, essentials, https://doi.org/10.1007/978-3-658-35053-6_1

an dem Medizin und Psychologie zwar über viele Einzelerkenntnisse zum chronischen Schmerz verfügen, unzählige Fragen jedoch nach wie vor ungeklärt sind, insbesondere Fragen zur Therapie.

Der vorliegende Text ist ein Plädoyer für eine Psychotherapie, die nicht im Modus des „gegen" (gegen den Schmerz), sondern im Modus des „für" arbeitet: für den schmerzkranken Menschen. Der Text beginnt mit einer Diskussion des *Menschenbildes* sowie der *Funktion* einer Psychotherapie mit Schmerzpatienten. Anschließend werden drei *therapeutische Grundhaltungen* sowie drei *konkrete Interventionen* beschrieben, abgeleitet aus den Wünschen und Bedürfnissen Betroffener. Unser Wissen über den chronischen Schmerz ist (noch) begrenzt. Doch können wir uns das zunutze machen, was wir bereits haben: den *Erfahrungsschatz der Erkrankten*. Einsatz und Wirkung der hier diskutierten Einstellungs- und Verhaltensweisen für die Begleitung schmerzkranker Menschen werden mit Befunden der Neurowissenschaften sowie der Einstellungs- und Psychotherapieforschung begründet.

Die zitierten *Selbstaussaussagen* schmerzkranker Menschen stammen aus autobiografischen Büchern, Artikeln und Interviews sowie aus E-Mails und Gesprächen mit unterschiedlichen Betroffenen beiderlei Geschlechts im Alter zwischen 22 und 72 Jahren.

Der Text wendet sich an Ärzte und Psychologen, an Pflegepersonen, Physio-, Sprach- und Ergotherapeuten, an Seelsorger und Sozialarbeiter – kurz: an alle Personen, die mit schmerzkranken Menschen zu tun haben.

Menschenbild einer Psychotherapie mit schmerzkranken Menschen

Schmerztherapeutische Behandlungsansätze orientieren sich vorrangig an einem naturwissenschaftlich-mechanistischen Menschenbild, wonach der Mensch als Maschine gesehen und auf seine Funktionstüchtigkeit reduziert wird. Diese Sicht auf den Menschen entspricht dem gesellschaftlich vorherrschenden Ideal der Machbarkeit und Kontrollierbarkeit unseres Lebens. Das Streben nach „Verfügbarmachung der Welt" (Rosa, 2019, S. 25) hat zur Folge, dass unser Verhältnis zur Krankheit überwiegend negativ ist. Von der WHO wird nicht der Begriff „Krankheit" definiert, nur der Begriff „Gesundheit" – als „die Fähigkeit und die Motivation, ein wirtschaftlich und sozial aktives Leben zu führen". Im Umkehrschluss gilt Krankheit als Bedrohung dieser Fähigkeit – und damit als Störfall und Katastrophe.

Auch für den chronischen Schmerz überwiegt ein ausnahmslos *negatives Deutungsmodell*. Im Rahmen psychologischer Schmerztherapie wird die Chronifizierung von Schmerz vorrangig auf dysfunktionale Emotionen, Kognitionen und Verhaltensweisen des Erkrankten zurückgeführt, die es zu erkennen und zu modifizieren gilt (Frettlöh & Hermann, 2017). Eigenaktivität und Verantwortlichkeit werden zum Paradigma erhoben. Mit einem Verständnis von Schmerz „als situativ unangepasstes Verhalten" (Treichler, 2017, S. 27) wird ein Weltbild bekräftigt, das dem Menschen die Fähigkeit zuspricht, sein Leben und seinen Schmerz kontrollieren zu können, ihm mit der Betonung der Eigenverantwortung zugleich die Last des Versagens aufbürdet. Die negative Sicht auf den Schmerz weitet sich aus, droht zur negativen Sicht auf den Patienten zu werden.

Die Originalversion dieses Kapitels wurde revidiert. Ein Erratum ist verfügbar unter
https://doi.org/10.1007/978-3-658-35053-6_7

➤ Petra Andresen (in: www.krankheitserfahrungen.de): „Unsere Umwelt ist heute auf Funktionieren eingestellt und da sind Menschen mit Schmerzen einfach auch nicht gefragt. Und sie sind auch nicht mehr schön um sich zu haben und sie sind dann schnell allein."[1]

Zusammengefasst

Das naturwissenschaftliche Menschenbild hat seine Berechtigung in der Schmerztherapie – nicht zuletzt bei der Diagnostik und Therapie akuter Schmerzen. Im Falle chronischer Schmerzen gelangt es an seine Grenzen, weil es auf Prämissen beruht, die dem Erleben der Betroffenen nicht immer gerecht werden.

Hören wir schmerzkranken Menschen zu, lesen wir ihre Bücher[2] und Interviews[3], ergibt sich folgendes Bild: Zum Alltag bei chronischem Schmerz gehören immer auch Erfahrungen der Unkontrollierbarkeit, Unvorhersagbarkeit und Unplanbarkeit. In allen Kulturen und zu allen Zeiten sind es vor allem Schriftsteller und Dichter, Philosophen, Theologen und Gelehrte, die sich mit Erfahrungen der Unverfügbarkeit, mit dem Leid des Menschen und seiner Verletzlichkeit befassen. So sehr sie sich in ihren Denkkonzepten auch voneinander unterscheiden, ist ihnen doch eines gemeinsam: Sie vertreten ein Menschenbild, wonach sich alles Lebendige der Verfügbarkeit letztlich entzieht. Dieser Sicht auf die Welt entspricht eine Sicht auf den Menschen als ein nicht nur funktionstüchtiges und autarkes, sondern immer auch verletzliches und angewiesenes Wesen. In jüngster Zeit werden Zerbrechlichkeit und Hilfsbedürftigkeit des Menschen auch in der Medizin-Ethik vermehrt thematisiert. Insbesondere mit Blick auf das Verständnis von Krankheit und Schmerz. Krankheit und Schwäche werden nicht als Defiziterscheinungen abgewertet, vielmehr „als Manifestationen des Menschseins" anerkannt (Maio, 2017, S. 484). Dieses Krankheitsverständnis beeinflusst auch das Verständnis von Schmerz: Seine durchweg negative Deutung als zu bekämpfendes Unheil weicht seiner wertfreien Beschreibung als eine von vielen

---

[1] Im Rahmen einer Studie der Universität Freiburg sind Interviews mit schmerzkranken Menschen durchgeführt und unter www.krankheitserfahrungen.de veröffentlicht worden. Bei diesem wie auch bei den folgenden Zitaten aus der Studie werden jeweils die Namen genannt, die auf der Homepage des Projekts anonymisiert verwendet werden.

[2] Vgl. beispielsweise Daudet (2003), Gadamer (2003), Frede (2007), Hänle (2015), Koch (2019), Rilke (1987), Pozzo di Borgo (2012), Schmitz (2016).

[3] Vgl. krankheitserfahrungen.de.

Möglichkeiten, in denen uns das Leben begegnet. Als Bestandteil des Lebens wird Schmerz zu einer Erfahrung, die Menschen *verbindet*. Die Gefahr sozialer Isolation verringert sich, ist dem Betroffenen doch etwas widerfahren, das einem *jeden* Menschen widerfahren kann.

> ⯈ Wie entlastend eine solche Sicht ist, verdeutlichen folgende Worte einer Schmerzpatientin (E-Mail vom 03.07.18): „Ich leide, wie wir alle leiden, weil wir Menschen sind und das verbindet uns."

Die Normalisierung von Krankheit und Schmerz als Seinsweisen menschlicher Existenz führt zu einer Vorstellung von *Gesundheit,* die sich nicht ausschließlich an der Funktionstüchtigkeit des Menschen bemisst, vielmehr an seiner Fähigkeit, sich der eigenen Person gemäß mit den Gegebenheiten des Lebens auseinanderzusetzen. Gesund ist nicht, wer keine Leistungseinbußen hat. Gesund ist, wem es gelingt, sein Wesen unter den unterschiedlichsten Bedingungen zu verwirklichen und ein Lebenskonzept zu entwerfen, das den eigenen Möglichkeiten ebenso gerecht wird wie den vorgegebenen Grenzen.

Zusammengefasst

Unabhängig von den Methoden, die in einer Psychotherapie mit Schmerzpatienten zur Anwendung kommen, sollte sie auf einem Menschenbild gründen, bei dem Vulnerabilität und Angewiesensein als Grundelemente des Daseins verstanden werden. Diese Sicht auf den Menschen ist nicht nur von theoretischer Bedeutung, sondern von unmittelbarer therapeutischer Wirkkraft: Sie befreit den Betroffenen von persönlicher Versagensangst, vermittelt ihm die Erfahrung, auch mit seinem Schmerz zur Gemeinschaft der Menschen zu gehören.

Funktion und Ziele einer Psychotherapie bei chronischem Schmerz

Ein Verständnis von Schmerz als Folge und Ausdruck unzureichender Einstellungs- und Verhaltensweisen ist an der Pathologie des Erkrankten orientiert. Davon ausgehend zielen die diagnostischen Interventionen psychologischer Schmerztherapie auf eine möglichst frühzeitige Identifikation seiner Defizite, die therapeutischen Interventionen auf deren Reparatur (z. B. Pfingsten & Hildebrandt, 2017). Vereinfacht zusammengefasst werden psychologische Behandlungsprogramme als ein Mittel zur Veränderung des Denkens, Fühlens und Handelns verstanden mit dem Ziel einer „Verbesserung der körperlichen und seelischen Funktionsfähigkeit" des Patienten (Kaiser & Nilges, 2015, S. 179). Diese Zielsetzung entspricht dem in unserer Gesellschaft vorherrschenden Streben nach Optimierung sowie der Reduzierung des Menschen auf seine Leistungsfähigkeit (Maio, 2014).

Eine Psychotherapie, die den Schmerz nicht als Mangel und Makel versteht, sondern als „ein Seinsereignis, das zum Menschen gehört" (Lenz, 2000, S. 28), legt eine Neudefinition therapeutischer Ziele nahe: Die Auseinandersetzung mit möglichem Fehlverhalten des Kranken tritt zurück hinter die Aktivierung seiner Fähigkeiten und Stärken. Die zentrale Frage „Was kann man *gegen* die Schmerzen tun?" wird ergänzt durch die Frage „Was kann man *für* den Patienten tun?" Diese erweiterte Fragestellung basiert auf der ursprünglichen (griechischen) Bedeutung der Begriffe *Therapie* und *therapieren: therapeia* = Dienst, Wegbegleitung; *therapeuo* = ich diene, ich pflege, ich sorge. Wobei *psychotherapeutische Sorge* nicht als belastendes Gefühl der Unruhe zu verstehen ist, sondern als „das aktive

---

Die Originalversion dieses Kapitels wurde revidiert. Ein Erratum ist verfügbar unter https://doi.org/10.1007/978-3-658-35053-6_7

Engagement für das Wohlergehen von Menschen" angesichts von Leiderfahrungen, die sich großenteils nicht mehr ändern, bestenfalls lindern lassen (Maio, 2018, S. 193).

> Eine Schmerzpatientin (E-Mail vom 16.11.2018): „Mein Schmerztherapeut hat als Neuerung eingeführt, jedem Patienten bei jedem Besuch vier Fragen zu stellen: „1. Wie ist Ihre Schmerzstärke jetzt? 2. Wie war Ihr Durchschnittsschmerz in den letzten 4 Wochen? 3. Welche Schmerzstärke wäre für Sie akzeptabel? 4. Fühlen Sie sich gerade wohl?" Die drei ersten Fragen konnte ich schnell beantworten. Bei Frage 4 musste ich nachdenken. Spontan wollte ich sagen: ‚Ja, ich fühle mich gerade wohl'. Dann dachte ich: ‚Ist das denn möglich? Bei einem Schmerz, den ich mit 6 einschätze?' Meine Antwort: Ja! Das *ist* möglich. Ich habe Schmerzen UND ich fühle mich wohl."

Wie das Zitat zeigt, basiert Wohlbefinden nicht allein auf körperlicher Gesundheit. Wohlbefinden bedeutet vielmehr, mit sich zufrieden zu sein. Im Allgemeinen fühlen Menschen sich dann wohl, wenn sie sich selbst akzeptieren, auch eigene Unvollkommenheiten und Begrenzungen annehmen, wenn sie selbstbestimmt leben, ihre persönlichen Fähigkeiten nutzen und entfalten können (Frank, 2017).

Das Wohlbefinden schmerzkranker Menschen wird zum einen durch ihren Schmerz reduziert. Zum anderen aber auch durch die Vorstellung, Schmerz sei durch ‚funktionales' (= richtiges) Verhalten unter Kontrolle zu bringen. Weil diese Vorstellung bei Fortbestehen der Schmerzen impliziert: ‚Ich habe versagt.' Die Angst zu versagen wiederum, führt auf neurobiologischer Ebene zu einer Aktivierung der Stressachse im Gehirn und dadurch zu einer Ausschüttung von Stresshormonen (Böker, 2007). Auch der Zusammenhang zwischen Versagensangst und Muskelanspannung ist seit Jahrzehnten untersucht und bestätigt worden (Bialas, 2020). Muskelanspannungen können bestehende Schmerzen verstärken, vermehrte Schmerzen wiederum können zu weiteren Verspannungen führen usw. Ein Teufelskreis entsteht, den aufzulösen mit der Zeit immer schwerer wird. Am ersten Stressor, dem Schmerz, lässt sich bislang nur bedingt etwas ändern. Was sich aber ändern lässt, ist der zweite Stressor, das heißt die Vorstellung, den eigenen Schmerz mehr oder minder selbst verschuldet und somit versagt zu haben.

▶ Wie not-wendend eine solche Entlastung ist, zeigt folgender Ausruf einer Schmerzpatientin: „Was habe ich bloß verbrochen, dass man so leben muss, wie ich lebe" (Christa Schumacher, in: krankheitserfahrungen.de)?

Selbstverschuldungsgedanken des Kranken können abgeschwächt oder sogar aufgelöst, Selbstakzeptanz und Zufriedenheit gefördert werden, wenn der Fokus der Therapie nicht auf der Bearbeitung seiner möglichen Defizite liegt, sondern auf der *Aktivierung seiner Befähigungen und Stärken*. Schmerzen konfrontieren den Betroffenen immer wieder neu mit seinen Einschränkungen. Umso wichtiger ist es, seine Wahrnehmung vermehrt auf das zu lenken, was er *kann,* was heil und gesund in ihm ist, was seine Ressourcen sind. Ein erfülltes Leben ist nicht unbedingt ein leichtes Leben. Es kann auch ein Leben voller Widrigkeiten und Entbehrungen sein. Entscheidend ist, dass es vom Betroffenen bejaht werden kann (Schmid, 2005). Davon ausgehend besteht das *allgemeine* Anliegen einer Psychotherapie im Falle chronischer Schmerzen darin, dem Patienten dabei zu helfen, „Ja" zu sich selbst zu sagen – und zwar unabhängig davon, ob seine Schmerzen weniger, stärker oder gleich bleiben werden.

Der Schmerz trifft jeweils auf eine ganz bestimmte Persönlichkeit mit unterschiedlichen körperlichen, psychischen und sozialen Belastungen in einer ganz bestimmten beruflichen und privaten Situation. Der Begriff „Schmerzpatient" suggeriert zwar ein einheitliches Störungsbild, doch verbergen sich hinter dieser Bezeichnung höchst verschiedene Beeinträchtigungen und damit zwangsläufig auch höchst verschiedene Motivationen, sich in Therapie zu begeben. Der Konsistenzforschung zufolge ist es „ein großer therapeutischer Fehler, wenn der Therapeut die Ziele, die er seinerseits für richtig hält, zur Voraussetzung der Therapie macht, ohne ausdrücklich abzuklären, ob diese Ziele wirklich konsistent mit den wichtigsten Grundmotiven des Patienten sind" (Grawe, 2004, S. 336). Davon ausgehend sollten die jeweiligen *konkreten* Therapieziele nicht vom Therapeuten vorgegeben, sondern gemeinsam mit dem Patienten erarbeitet werden.

Zusammengefasst

Eine Psychotherapie im Sinne von ‚ich diene, ich pflege, ich sorge' ist nicht auf die Pathologie des Patienten fokussiert, sondern auf seine inneren und äußeren Kraftquellen. Die Frage „Was macht der Patient falsch im Umgang mit seinem Schmerz" verliert an Bedeutung zugunsten der Frage „Was hilft ihm, sich trotz seiner Schmerzen wohl zu fühlen?" Die Auseinandersetzung mit den eigenen Stärken und Möglichkeiten vermag nicht die Schmerzen zu lindern, nimmt ihnen jedoch ein wenig von ihrer bedrohlichen Macht. Vorstellbar wird, was bislang undenkbar erschien: Ein Leben kann auch dann lebenswert sein, wenn bestimmte Einbußen bleiben.

Therapeutische Grundhaltungen

4

Psychotherapieforschung und Neurowissenschaften zeigen, dass erfolgreiche Therapien einander ähneln, unabhängig von ihrem theoretischen Hintergrund. Entscheidend für das Ergebnis sind nicht so sehr bestimmte Methoden als vielmehr die Therapiebeziehung sowie die Orientierung des Therapeuten an der Individualität des Patienten (Grawe, 2004). Eine Psychotherapie, die sich als Sorge um das Wohlergehen des Kranken versteht, ist allein schon deshalb patientenzentriert, weil der Begriff *Wohlergehen* relativ und subjektiv ist, abhängig von der Person und Situation des Erkrankten, abhängig vor allem von dem, was er persönlich unter einem lebenswerten Leben versteht. Davon ausgehend stehen Therapeuten schmerzkranker Menschen vor der Herausforderung, sich bei ihren Interventionen vorrangig nicht an Leitlinien und Konzepten zu orientieren, sondern an der Einzigartigkeit des Patienten, an seiner konkreten Lebenslage sowie an seinen individuellen Fragen und Nöten.

Im Folgenden werden *drei therapeutische Grundhaltungen* beschrieben, die sich aus den Selbstaussagen schmerzkranker Menschen ableiten lassen. Die einzelnen Merkmale sind eng miteinander verbunden, sodass sich Unklarheiten im Hinblick auf ihre wechselseitige Abhängigkeit und gegenseitige Abgrenzung nicht vermeiden lassen. Worum es mir mit meinen Ausführungen geht: um das Aufzeigen von *Einstellungen gegenüber schmerzkranken Menschen,* die ihr Wohlbefinden fördern – unabhängig vom weiteren Verlauf ihrer Schmerzen.

Die Originalversion dieses Kapitels wurde revidiert. Ein Erratum ist verfügbar unter https://doi.org/10.1007/978-3-658-35053-6_7

4.1   Wertschätzung

„Ob ein akuter Schmerz geht oder bleibt, hängt maßgeblich von der seelischen Verfassung des Patienten ab" (Tölle & Schiessl, 2019, S. 33). Für schmerzgesunde Leser mag dieser Satz aus einem Fachbuch zum Thema Schmerz sachlich und wertfrei klingen. Für Betroffene ist er ein Schlag ins Gesicht. Weil er impliziert, ihre Schmerzen müssten nicht sein, wäre es um ihre seelische Verfassung anders (= besser) bestellt. Studien zu psychologischen Mechanismen der Schmerzchronifizierung spezifizieren den Begriff „seelische Verfassung" und erklären die Entstehung und Aufrechterhaltung chronischer Schmerzen mit einer Vielzahl psychologischer Faktoren, den sogenannten „yellow flags": „Diese sind Depressivität, Distress (negativer Stress), schmerzbezogene Kognitionen (wie Katastrophisieren, Hilf- & Hoffnungslosigkeit, Angst-Vermeidungsverhalten) und passives Schmerzverhalten (ausgeprägtes Schon- & Vermeidungsverhalten)" (Chibuzor-Hüls et al., 2020, S. 42). Ursprünglich als Risikofaktoren für die Entwicklung chronischer Schmerzen beschrieben, gelten Reaktionen dieser Art inzwischen als Beschreibungsmerkmale schmerzkranker Menschen.

> ▶ Daniele Hänle (2015, S. 32) beschreibt ihre Erfahrungen in einer Schmerzklinik: „Der für mich zuständige Arzt, Dr. U., psychologisierte meinen Schmerz von Anfang an. Er war der Meinung, dass meine Schmerzen auf eine psychische Ursache zurückzuführen seien. Ein von mir verdrängtes Geschehen, das sich durch diese Schmerzen bemerkbar mache. (…) Aber es gab nichts Erschwerendes! Keine schwerer wiegenden Probleme in der Familie, keine Querelen mit anderen Menschen."

Die Fokussierung auf die Pathologie des Kranken hat nicht selten zur Folge, dass die Suche nach schmerzverstärkenden Verhaltensweisen zur Suche nach dem Schuldigen wird. Der Gedanke aber, den eigenen Schmerz selbst verursacht zu haben, ist für viele Betroffene kaum zu ertragen.

> ▶ Eine Fibromyalgiepatientin (in: Tölle & Schiessl, 2019, S. 157): „Ich verstehe ja, dass man versucht, eine Kausalität herzustellen, aber mich hat das wahnsinnig gemacht."

Zudem kann es Menschen verletzen, wenn man ihr Verhalten als dysfunktional bewertet und ihnen Vorgaben funktionaler Reaktionen macht. Denn Begriffe wie dysfunktional und funktional sind keineswegs wertneutral: Sie implizieren ein

Urteil. Weshalb sich bei vielen Patienten die Vorstellung einstellt, man säße über sie zu Gericht. Eine Vorstellung, die ihrerseits belastend sein kann, zusätzlich zum Schmerz.

> ▶ Samuel Koch (2019, S. 58), querschnittgelähmt und an starken chroni-schen Schmerzen leidend, schreibt: „Was Menschen schadet, ist, zum Objekt von Bewertungen, Belehrungen und Maßnahmen gemacht zu werden." Beate Schulte (in: krankheitserfahrungen.de) sieht es ähn-lich und formuliert folgenden Wunsch: „Und dass ich schon auch irgendwo nicht nur Behandlungsobjekt sein möchte, sondern auch ein Partner, der auch mit angehört wird."

Neurowissenschaftlichen Untersuchungen zufolge sind erfolgreiche Therapien weniger eine Funktion der Informationsvermittlung und Belehrung als vielmehr eine Funktion der Beziehung sowie der positiven Erfahrungen im Rahmen die-ser Beziehung (Bauer, 2007). Die Wahrscheinlichkeit, dass ein Patient in einer Beziehung positive emotionale Erfahrungen machen kann, in der es schwerpunkt-mäßig um „die Bearbeitung dysfunktionaler kognitiver Stile" geht (Frettlöh & Hermann, 2017, S. 358), ist eher gering. Viele Patienten spüren die mangelnde Wertschätzung ihrer Person, die mit der Suche nach ihren Defiziten verbunden ist, nehmen diese Suche als Distanzierung von ihrem Leid (und damit von ihnen) wahr. Distanzierung aber ist das Gegenteil von dem, was sie sich wünschen.

> ▶ Bezogen auf ihre Odyssee durch ärztliche Praxen und Krankenhäu-ser schreibt die an chronischem Kopfschmerz erkrankte Birgit Schmitz (2016, S. 20): „Zuwendung ist ein altmodisches Wort, umschreibt jedoch genau das, was ich mir am meisten wünschte. Jemanden, der sich mir zuwendet, dem meine Erkrankung nicht lästig war."

Biopsychosoziale Erklärungsansätze chronischer Schmerzen beinhalten die Gefahr, dass sich Therapeuten in erster Linie nicht am Erkrankten selbst orientie-ren, sondern an dem Bild, das diese Ansätze vom ‚typischen Schmerzpatienten' entwerfen – mit der Folge, dass sich ihre Aufmerksamkeit auf diejenigen Verhaltensweisen konzentriert, die dem Bild entsprechen, während in den Hin-tergrund tritt, was dem Bild widerspricht. Dem steht der Wunsch fast aller Schmerzpatienten entgegen, so wahrgenommen zu werden, wie sie sind.

> ▶ Was Frank Weber (in: krankheitserfahrungen.de) auf die Frage ant-wortet, ob er eine Botschaft an Ärzte habe, steht stellvertretend für

den Wunsch vieler schmerzkranker Menschen: „Vielleicht ein bisschen
mehr Menschlichkeit, ein bisschen mehr Verständnis für den Patienten und nicht nur Pauschalisierung, alle irgendwie über einen Kamm
scheren."

Das Therapeutenmerkmal *Wertschätzung* entspricht sowohl dem Wunsch der
Patienten nach Zuwendung als auch ihrem Wunsch, als individuelle Person
wahrgenommen und behandelt zu werden. Als therapeutischer Wirkfaktor ist
dieses Merkmal vor allem im Rahmen des *Personenzentrierten Konzepts* von
Carl Rogers beschrieben und untersucht worden. Wertschätzung ist keine Frage
bestimmter Techniken, die man einüben und bei Bedarf einsetzen könnte. Vielmehr handelt es sich um eine *Grundhaltung,* die sich – je nach Patient und
Situation – in unterschiedlichen verbalen und nonverbalen Verhaltensweisen
äußern kann. Sie zeigt sich in bestätigenden Äußerungen ebenso wie in einer
zugewandten Körperhaltung, in anteilnehmender Mimik und Gestik, aber auch in
ganz alltäglichen Handlungen: eine Decke zu besorgen, wenn der Patient friert;
ein Glas Wasser zu reichen, wenn der Mund des Patienten trocken scheint (oft
eine Nebenwirkung bestimmter Medikamente); das Fenster zu öffnen, wenn dem
Patienten offensichtlich zu warm ist… Dem Therapeuten mögen Gesten dieser
Art belanglos erscheinen. Dem Patienten vermitteln sie die Erfahrung, *gesehen*
zu werden – in all seiner Bedürftigkeit. Das Bedürfnis des Menschen, als Person
wahrgenommen und akzeptiert zu werden, „steht noch über dem, was landläufig
als Selbsterhaltungstrieb bezeichnet wird", so der Neurowissenschaftler und Psychotherapeut Joachim Bauer (2007, S. 37). Ein Therapeut, der diesem Bedürfnis
seines Patienten gerecht wird, trägt allein schon dadurch entscheidend dazu bei,
sein Wohlbefinden zu fördern – nicht nur in der Therapiestunde selbst, sondern
auch darüber hinaus.

Wertschätzung bedeutet *nicht,* jeder Äußerung des Patienten zuzustimmen,
jedem Verhalten beizupflichten. Worum es geht, sein *Erleben* anzuerkennen (nicht
ein bestimmtes Verhalten) und sich um ein Verständnis der Hintergründe zu
bemühen, die ihn zu diesem Verhalten veranlasst haben. In Situationen, in denen
der Therapeut das Verhalten des Patienten weder nachvollziehen noch akzeptieren
kann, wird Zweierlei deutlich. Erstens: Wertschätzung hat nichts mit Harmonisie-
rung zu tun. Zweitens: Wertschätzung ohne Aufrichtigkeit ist unglaubwürdig. Das
heißt: Wertschätzung kann gegebenenfalls auch bedeuten, den Patienten direkt
darauf anzusprechen, wenn man den Eindruck hat, dass er sich in bestimmter Hinsicht Schaden zufügen könnte: „Herr M., ich mache mir Sorgen, dass
Sie sich mit diesem Verhalten (das Verhalten benennen) schaden könnten, da es
möglicherweise folgende Auswirkungen hat …" Eine aufrichtige und konkrete

Rückmeldung über das fragliche Verhalten ist hilfreicher als das Bemühen um eine Harmonie, die dem wahren Gefühl nicht entspricht. Entscheidend ist Folgendes: Der Patient sollte erkennen können, dass dem Therapeuten nicht egal ist, was mit ihm (dem Kranken) geschieht.

Carl Rogers (1973, S. 53) weist wiederholt darauf hin, dass der Therapeut seine eigene Wahrnehmung stets anhand folgender Frage überprüfen sollte: „Wie sieht der Klient das?" Die Rückkopplung an die Sicht des Patienten ist vor allem deshalb wichtig, weil sich sein Verhalten nicht nur auf seine Schmerzen bezieht, vielmehr eine Reaktion auf seine *Gesamtsituation* ist. Stellen wir uns diese Gesamtsituation als einen Eisberg vor, von dem wir lediglich die Spitze sehen. Der Patient reagiert jedoch nicht nur auf diese Spitze, er reagiert auf den ganzen Berg, also auch auf den Teil, der sich (für uns unsichtbar) unter der Wasseroberfläche befindet. Sich dies wiederholt bewusst zu machen, bewahrt vor einer vorschnellen Pathologisierung des Kranken zugunsten einer Haltung, die zunächst einmal zu verstehen sucht, in welchen *Kontext* das fragliche Verhalten eingebettet ist.

Eine Orientierung an der Person und Situation des Patienten impliziert den *Verzicht auf Werturteile:* Wie ein Mensch auf chronischen Schmerz reagiert, ist Ausdruck seiner inneren Freiheit, zu seiner Situation Stellung zu nehmen. Der Therapeut kann sich eine Meinung bilden, er kann den Patienten auf die möglichen Folgen dieser Reaktion hinweisen und gemeinsam mit ihm nach alternativen Verhaltensweisen suchen. Belehrungen aber und Wertungen im Sinne von ‚richtig'/‚falsch' verbieten sich. Auch dann, wenn sich der Patient auf eine Weise verhält, die im Rahmen schmerztherapeutischer Behandlungskonzepte als dysfunktional bezeichnet wird. Wertschätzung bedeutet letztlich auch dies: zu akzeptieren, dass ein schmerzkranker Mensch nicht immer funktional (im Sinne der Konzepte) mit seinem Schmerz umgehen kann.

> ▶ Welche Folgen die Erfahrung bedingungsloser Akzeptanz haben kann, deutet Andrea Müller (in: krankheitserfahrungen.de) an: „Wenn da, ich sage jetzt einmal, der Mensch an sich ... akzeptiert wird, dann kann er vielleicht auch anders mit diesem Schmerz umgehen."

Psychotherapieforschung und Neurowissenschaften weisen übereinstimmend darauf hin, dass Verlauf und Ergebnis einer Therapie vor allem durch Erfahrungen bestimmt werden, die der Patient im Hinblick auf sein Bedürfnis nach emotionaler Nähe und Zuwendung macht. Die Wertschätzung des Therapeuten befriedigt dieses Bedürfnis in hohem Maße, ist deshalb für den Therapieerfolg von großer

Bedeutung: Die Erfahrung emotionaler Nähe und Zuwendung führt zur Ausschüttung bestimmter Botenstoffe wie Endorphin, Oxytocin und Dopamin. Über die Freisetzung dieser ‚Glückshormone' werden im Gehirn des Patienten neuronale Erregungsmuster gebildet, die den Erregungsmustern bei Angst entgegenwirken und sein körperlich-seelisches Wohlbefinden verbessern (Grawe, 2004). Eine positive Gefühlslage wiederum begünstigt die Problemlösefähigkeit von Patienten: Menschen, die zuvor in eine positive Stimmung versetzt worden sind, können verschiedenste Aufgaben schneller, kreativer und präziser lösen als Menschen, bei denen keine positiven Emotionen induziert worden sind (Seligman, 2003).

Wertschätzendes Verhalten stärkt nicht nur die kognitiven Fähigkeiten des Patienten, sondern auch sein Selbstwertgefühl. Da ein Zusammenhang besteht zwischen der Anerkennung durch andere und Selbstanerkennung (Honneth, 2010), fördert die Wertschätzung des Therapeuten die Beziehung des Patienten zu sich selbst: Je mehr sich ein Mensch von anderen angenommen fühlt, umso eher wird er sich auch selbst (wieder) akzeptieren und bejahen können – als der, der er ist.

Zusammengefasst

Es gibt kaum einen besseren Weg, das Wohlergehen schmerzkranker Menschen zu fördern, als den, sich auf ihre Gefühls- und Erlebniswelt einzulassen. Die Erfahrung, trotz bleibender Leistungseinbußen wahrgenommen und respektiert zu werden, ändert nichts am Schmerz, lindert jedoch das Gefühl der Verlorenheit in einer Welt, in der nur zählt, wer funktionsfähig ist. Was Wertschätzung ausmacht, umschreibt Philippe Pozzo di Borgo (2015, S. 144), nach seinem Gleitschirmunfall querschnittgelähmt und an ständigen starken Schmerzen leidend: „Die Wertschätzung öffnet mich für die Andersartigkeit meines Mitmenschen, damit ich mich mit ihm austauschen kann. Das ist nicht leicht: Man muss fähig sein, den anderen zu betrachten, still zu sein, zur Seite zu treten. Man muss den Weg der Würde des anderen beachten, um jenseits der Worte sein Bedürfnis zu erkennen. Dann kann man gemeinsam etwas aufbauen."

4.2   Vertrauen

Chronischer Schmerz bedeutet fast immer Verlust: Verlust an körperlich-geistiger Funktionstüchtigkeit, Verlust an Beweglichkeit, Verlust von Kollegen und Freunden, Verlust an beruflicher und finanzieller Sicherheit, Verlust früherer Möglichkeiten aktiver Lebensgestaltung. Auch die Gewissheit der Zukunft ist verlorengegangen. Sie ist weder plan- noch vorhersehbar, wird beherrscht von der Frage: „Wie geht es weiter?" Was der Patient in einer solchen Situation braucht, ist ein Mensch an seiner Seite, der dazu bereit ist, mit ihm gemeinsam eine Bestandsaufnahme der Schäden zu machen, die durch die Schmerzen entstanden sind, und nach dem zu suchen, was ihm geblieben ist (vgl. Abschn. 5.3). Beides, das Sichten der Schäden wie die Suche nach verbliebenen Möglichkeiten, bedarf des Vertrauens in den Erkrankten und in seine Fähigkeit zur Neugestaltung des Lebens: „Ich glaube an Sie. Ich glaube daran, dass Sie einen für Sie passenden Weg finden werden. Vielleicht nicht jetzt und sofort. Aber irgendwann. Und bei der Suche nach diesem Weg möchte ich Ihnen helfen."

Das Vertrauen des Therapeuten in seinen Patienten ist allein schon deshalb wichtig, weil viele schmerzkranke Menschen das Vertrauen verloren haben: das Vertrauen in ihren Körper, aber auch das Vertrauen in sich selbst und ihre Fähigkeit, ihr Leben weiterhin meistern zu können. Die Unterweisung in funktionalen Bewältigungsstrategien im Rahmen schmerztherapeutischer Edukation reicht nicht aus, um dieses Vertrauen wiederherzustellen – wie rollentheoretische Überlegungen nahelegen. Der Rollentheorie J. L. Morenos (1973) zufolge entwickelt sich der Mensch durch die Übernahme und Verwirklichung einer Vielzahl von Rollen.[1] Durch die Ausübung seiner Rollen verändert er die Verhältnisse in seinem Umfeld, die wiederum seine Rollen beeinflussen. Ausgehend von dieser systemischen Sicht auf den Menschen ist der Einzelne nicht isoliert zu verstehen, sondern nur im Kontext seiner zwischenmenschlichen Beziehungen. Daraus folgt für die therapeutische Situation: Je weniger der Therapeut an die Fähigkeit seines Patienten zu autonomer Lebensführung glaubt und *für* ihn festlegt, wie er mit seinem Schmerz umgehen sollte, umso weniger wird dieser seine Fähigkeiten zur Autonomie und Selbstbestimmung entwickeln können. Umgekehrt gilt: Je mehr der Therapeut an die Selbstheilungskräfte des Betroffenen glaubt, umso eher

---

[1] Eine Rolle setzt sich aus mehreren miteinander in Beziehung stehenden Verhaltensweisen zusammen, die durch kulturelle und gesellschaftliche Einflüsse übermittelt werden, ihre individuelle Ausprägung jedoch durch die Art und Weise erhalten, wie der Einzelne diese Einflüsse verkörpert. Eine zusammenfassende Beschreibung der Rollentheorie Morenos findet sich z.B. bei von Ameln und Kramer (2014).

wird dieser seine Kräfte auch selbst (wieder) wahrnehmen, nutzen und entfalten können.

Wie zentral das Vertrauen des Therapeuten ist, wird durch Studien an Patienten bestätigt, bei denen die Erfolgsaussichten einer Therapie nachweislich schlecht sind. Gemeint ist die Gruppe der schwer persönlichkeitsgestörten delinquenten Patienten. Nicht behandelte Straftäter werden in ca. 60 % der Fälle rückfällig. Die Rückfallquote psychotherapeutisch behandelter Straftäter beträgt 45 bis 55 % (Dolan & Cold, 1993). Untersuchungen zu den *Faktoren,* die für den Therapieerfolg bei Straftätern verantwortlich sind, kommen zu folgendem Schluss: Für die Wirksamkeit einer therapeutischen Behandlung ist weder der Schweregrad der Persönlichkeitsstörung noch die Therapieschule der Therapeuten entscheidend. Wichtigster Erfolgsprädiktor ist vielmehr die Person des Therapeuten, genauer – seine *vertrauensvoll-optimistische Grundhaltung:* Therapeuten, die „an den Erfolg ihrer Tätigkeit glauben, arbeiten (…) deutlich effektiver" als ihre pessimistischen Kollegen (Fiedler, 2017, S. 25). Optimistische Therapeuten versuchen schwerpunktmäßig nicht, ihre Patienten zu ändern. Sie bemühen sich vor allem darum, ihre vorhandenen Kompetenzen zu stärken. Ihre weniger erfolgreichen Kollegen zentrieren sich dagegen auf die Defizite der Patienten, appellieren an ihre Einsicht – ausgehend von der Vorstellung, über diesen Weg eine Verbesserung ihrer problematischen Verhaltensformen bewirken zu können. Rollentheoretisch formuliert: Ein ressourcenorientierter Therapeut nimmt in der Beziehung zu seinen Patienten eine andere Rolle ein als ein defizitorientierter Therapeut: „Weg vom kompetenten Behandler persönlicher Probleme hin zum Solidarpartner des Patienten, nämlich im gemeinsamen Kampf gegen widrige Lebensumstände" (ebd., S. 33). Auch wenn mir bislang keine vergleichbaren Untersuchungen bei Schmerzpatienten bekannt sind, vermute ich (gestützt auf Selbstaussagen Betroffener), dass eine vertrauensvolle Haltung des Therapeuten für das Wohlbefinden schmerzkranker Menschen hilfreicher ist als eine Konfrontation mit ihren Defiziten. Die Zuschreibung dysfunktionaler Denk- und Verhaltensmuster kann vom Patienten als Kränkung erlebt werden, vielleicht sogar als Bedrohung seiner Persönlichkeit. Dagegen kann das Vertrauen, das der Therapeut dem Kranken entgegenbringt, wie ein Auslöser dafür wirken, dass dieser sich auch (wieder) selbst vertraut. Nach Durchsicht einschlägiger Studien kommt Peter Fiedler (2004, S. 8) zu dem Schluss, dass sich das Selbstwertgefühl von Patienten nicht durch „Hinweise auf persönliche Unzulänglichkeiten" aufbauen lässt: „Selbstwertschätzung kann sich nur entfalten, wenn Therapeuten ihren Patienten mit Wertschätzung und Respekt begegnen." Wertschätzung und Respekt beinhalten immer auch dies: dem Patienten die Freiheit zu lassen, seinem Schmerz so zu begegnen, wie es *seiner* Persönlichkeit und *seiner* Sicht der Dinge entspricht (vgl. Abschn. 4.1).

Anders formuliert: Schmerzpatienten sollten die Erfahrung machen, dass ihr Therapeut sie nicht auf das Prokrustesbett schmerztherapeutischer Konzepte zu legen versucht, er sich vielmehr darum bemüht, sie (die Betroffenen) in ihrer Einzigartigkeit und Besonderheit wahrzunehmen und zu fördern.

▶ Eine Schmerzpatientin (E-Mail vom 06.06.20): „Es gibt leider kein Rezept für den Umgang mit chronischen Schmerzen und deren Folgen. (…) Die eigene Erfahrung ist zentral und kann nur dadurch zu einem Gelingen führen."

Für ein Leben mit chronischem Schmerz gibt es keinen absolut wahren Weg. Genauso wie es keinen absolut wahren Weg für ein Leben ohne chronische Schmerzen gibt. ‚Wahr' in Bezug auf einen bestimmten Menschen ist jeweils derjenige Weg, der es ihm ermöglicht, sein Potential zu nutzen und zu entfalten. Der erste Schritt bei der gemeinsamen Suche nach einem solchen Weg besteht darin, möglichst viel über ihn zu erfahren – über seine Persönlichkeit und seine Lebensumstände, über seine schmerzhaften Erfahrungen ebenso wie über seine Wertvorstellungen und Fähigkeiten. Irvin D. Yalom (2002, S. 225) bittet seine Patienten gleich beim ersten oder zweiten Gespräch, ihm „im Detail" ihren „typischen Tagesablauf" zu schildern. Diese Bitte erweist sich auch bei schmerzkranken Menschen als hilfreich, um möglichst viel über sie und ihr Leben in Erfahrung zu bringen. Die Bitte kann ergänzt und erweitert werden durch Fragen nach Schlaf-, Arbeits-, und Essgewohnheiten, nach früheren und gegenwärtigen Freizeitaktivitäten, nach Hobbies, Vorlieben bei Büchern und Filmen sowie nach den Menschen, mit denen der Betroffene vor allem Kontakt hat. Je mehr Details der Therapeut aus dem Alltag seines Patienten kennt, umso mehr Hinweise werden sich auf mögliche „green flags" ergeben, das heißt darauf, „was der Patient an protektiven, bewältigungsfördernden Fähigkeiten mitbringt" (Jelitto, 2019, S. 42).

Geläufiger als der Begriff „green flags" ist die Bezeichnung „Ressourcen". Die Bedeutung von Ressourcen ist in den vergangenen zwanzig Jahren vielfach untersucht und beschrieben worden, insbesondere auch im Rahmen von Beratung und Therapie. Analysen von Therapieausschnitten zeigen einen engen Zusammenhang zwischen einem positiven Therapieergebnis und der Aktivierung von Ressourcen (Grawe, 2004). Umso betroffener machen die Aussagen vieler Schmerzpatienten, die den Eindruck haben, von ihren Ärzten und Therapeuten überwiegend als Träger schlecht angepasster Bewältigungsstrategien behandelt zu werden, seltener dagegen als Menschen, die zwar Schmerzen haben, darüber hinaus jedoch auch über gesunde Anteile verfügen (Frede, 2017; Hänle, 2015; Koch, 2019; Schmitz, 2016).

Wie wichtig es für Betroffene ist, auch mit ihren gesunden Anteilen wahrgenommen zu werden, veranschaulichen die beiden folgenden Zitate:

> „Ich zum Beispiel wünsche mir von meinem Therapeuten, dass er mir vorurteilsfrei zuhört, mich nicht nur als kranke Person ansieht, sondern als Mensch, der aus mehr besteht als aus Krankheit" (eine Schmerzpatientin, E-Mail vom 15.05.20). „Für mich war es wichtig, die andere, noch unversehrte Frau, die ich auch war, wahrzunehmen. Dieses Intakte lernte ich mit der Zeit schätzen und fand darin auch Halt" (Schmitz, 2016, S. 169).

Die Stärkung von Ressourcen fördert das Wohlbefinden eines jeden Menschen (Frank, 2017). Im Falle chronischer Schmerzen sind es zudem die *Ressourcen* des Kranken, aus denen sich die Zuversicht entwickeln kann, dass er „auch als schwacher und angewiesener Mensch noch ein erfülltes Leben führen kann" (Maio, 2017, S. 485).

Was genau wird in der Psychologie unter dem Begriff „Ressource" verstanden? Ressourcen sind Dinge, Fähigkeiten, Werte und Einstellungen, die dem Menschen helfen, sein Leben gemäß der eigenen Person und Situation zu gestalten. Was als Ressource erlebt wird, ist in hohem Maße individuell: *Die* Ressource gibt es nicht. Es gibt nur die Ressource von Herrn Müller oder Frau Schmidt… Beispiele für Ressourcen sind: körperliche, geistige und emotionale Fähigkeiten (z. B. in Literatur oder Musik, in Empathie oder Intuition), Interessen und Hobbies (z. B. Malen, Stricken oder Fotografieren), bestimmte Erfahrungen und Werte, vertrauensvolle Beziehungen zu Angehörigen, Freunden, Nachbarn, eine schöne Wohnung, stabile Finanzen, der ganz normale Alltag mit sich wiederholenden Abläufen, die Sicherheit vermitteln. Zur Aktivierung von Ressourcen reicht bloßes Benennen nicht aus, entscheidend ist ihr *Erleben* – und sei es in der Erinnerung. Weshalb sich der Therapeut immer auch den *Kontext* schildern lassen sollte, also die konkrete Situation, in der sich eine bestimmte Ressource zeigt bzw. gezeigt hat. Hilfreich in diesem Zusammenhang ist, den Erkrankten nach einem Moment in seinem Leben zu fragen, in dem er sich glücklich und wohlgefühlt hat. Wobei die Frage nach einem solchen Moment von der Bitte begleitet wird, sich diesen Moment *vorzustellen* – so, als ob er ihn gerade durchleben würde. Neurowissenschaftlichen Untersuchungen zufolge löst die intensive Imagination einer Situation ähnliche Prozesse im Gehirn aus wie das Erleben der realen Situation. Sportler machen sich die Vorteile des Mentalen Trainings schon seit langem zunutze: „Durch mehrfach wiederholte Vorstellung der Bewegungsabläufe ‚erinnert' sich die Muskulatur an die Durchführung genauso, wie das

Gehirn sich die Muster der Handlung einprägt" (Gasser, 2020). Formbarkeit und Wandlungsfähigkeit unseres Gehirns erklären die Bildung sogenannter Schmerzengramme. Wir können uns diese Eigenschaften des Gehirns auch zunutze machen, um seine Funktionsweise in positiver Weise zu beeinflussen. Denn nicht nur wiederholte Schmerzerfahrungen, auch wiederholte positive Erfahrungen (ob in der Wirklichkeit oder in der Imagination) hinterlassen Spuren im Gehirn.

Positive Emotionen können einen Schmerzpatienten nicht vor Trauer und Angst bewahren. Umgekehrt können Trauer und Angst nicht verhindern, dass er sich hin und wieder auch freut. Womöglich verändert sich das *Was*, worüber sich ein Betroffener freut, aber er *kann* sich noch freuen: „Trotz meinem Kranksein erlebe ich viele Glücksmomente", betont Daniele Hänle (2015, S. 63) nach vielen Jahren chronischer Schmerzen. Fragen nach Glücksmomenten stärken das Bewusstsein des Kranken für die Polarität des Lebens – dafür, dass Freude und Leid, Trauer und Glück einander keineswegs ausschließen, vielmehr *nebeneinander* bestehen können.

Studien im Rahmen der Positiven Psychologie haben gezeigt, dass sich positive Emotionen nicht einfach nur gut anfühlen, sie „vergrößern unsere angeborenen geistigen, körperlichen und zwischenmenschlichen Ressourcen", stärken unsere Fähigkeit, Herausforderungen im Leben kreativ zu begegnen (Seligman, 2003, S. 70). Die Ergebnisse von Neurowissenschaften und Psychotherapieforschung weisen somit in die gleiche Richtung wie die Selbstaussagen Betroffener: Nicht die Defizite schmerzkranker Menschen sollten möglichst früh identifiziert werden. Sondern ihre *Kompetenzen* und *Glücksmomente*.

Vor allem zu Beginn einer Therapie bei chronischem Schmerz haben manche Patienten Mühe damit, sich auf das Erforschen positiver Aspekte ihrer Person und Situation einzulassen. Im Vordergrund steht das, was verloren ist, steht die bittere Erfahrung, in bestimmten Bereichen abhängig zu sein, angewiesen auf die Hilfe anderer Menschen. Auf Erfahrungen von Abhängigkeit und Verlust mit Trauer, Angst und Verzweiflung zu reagieren, entspricht der normalen Funktionsweise des menschlichen Geistes (Harris, 2013). Weshalb diese Reaktionen im Rahmen einer Therapie nicht als negativ zu bewerten sind. Spuren der Angst im emotionalen Gehirn eines Menschen lassen sich ohnehin nicht ausradieren, auch nicht durch umfassende Erklärungen des Therapeuten über die schmerzverstärkende Wirkung negativer Gefühle. Diese Spuren bleiben bestehen. Doch können Gegengewichte geschaffen werden. Zum einen dadurch, dass der Therapeut nach positiven Momenten im Leben des Kranken fragt. Vor allem aber dadurch, dass er der Angst des Patienten sein eigenes Vertrauen an die Seite stellt.

> Eine Schmerzpatientin an ihren behandelnden Arzt (Brief vom 09.05.2020): „Hätten Sie versucht, mir meine Angst auszureden, hätte das nichts gebracht. Sie haben Ihr Vertrauen neben meine Angst gestellt – und auf diese Weise ein Gegengewicht geschaffen. Meine Angst war auf einmal gar nicht mehr schlimm. Und ich war sehr viel gelassener."

Letztlich bedeutet Vertrauen, sich auf etwas zu verlassen, für dessen Existenz es (noch) keine Beweise gibt. Von diesem Verständnis ausgehend ist das Vertrauen des Therapeuten dadurch gekennzeichnet, dass er an etwas glaubt, das (noch) im Innersten seines Patienten verborgen liegt. Auch wenn der Glaube des Therapeuten keine Berge versetzen kann, so vermag er doch etwas aus dem Patienten ‚herauszuglauben' – bis dieses Etwas eines Tages Gestalt annimmt, sichtbar und benennbar wird. Metaphorisch gesprochen: Durch das Vertrauen des Therapeuten kann beim Patienten zutage treten, was bislang unter den Trümmern seiner Schmerzen verschüttet war. In Termini der Rollentheorie formuliert: Je häufiger der Patient in seinen kompetenten und aktiven Rollen angesprochen wird, desto häufiger wird er diese Rollen auch (wieder) übernehmen können. Möglichkeiten zur Aktivierung innerer Kraftquellen werden in Abschn. 5.3 beschrieben.

Zusammengefasst

Eine zentrale Aufgabe des Therapeuten im Rahmen einer Psychotherapie mit Schmerzpatienten besteht darin, die Augen vor der Realität schmerzbedingter Verluste nicht zu verschließen, zugleich beharrlich nach den inneren und äußeren Kraftquellen des Kranken zu suchen, nach dem, was heil und gesund ist in seinem Leben, kostbar und schön. Entscheidend für diese Suche ist der Glaube des Therapeuten, dass es diese Ressourcen gibt, mögen sie auch noch so verschüttet sein. Es sind seine Ressourcen, aus denen dem Betroffenen die Kraft erwachsen kann, seinem Schmerz standzuhalten, ein Lebenskonzept zu entwerfen, in dem neben dem Schmerz auch wieder Schönes Platz hat. Andrea Müller (in: krankheitserfahrungen.de) berichtet: „Ich habe dann so ganz alternativ etwas Schönes gefunden: ich fotografiere. Zwar nicht sehr gut, aber – das ist eigentlich auch etwas ganz Tolles. Weil man für das Fotografieren ja auch Dinge sehr viel bewusster wahrnimmt. … Also da bin ich wirklich irgendwo auch mit mir zufrieden. (…) ich produziere etwas, so mit Bildern. Also das sind dann schon auch so Momente, wo ich sage: Ach, eigentlich ist das Leben doch schön, ja."

4.3 Mut zur Demut

Psychologische Schmerzbewältigungsprogramme enthalten eine Reihe von Zielvorgaben. Im Standardwerk „Schmerzpsychotherapie" beispielsweise werden insgesamt zwanzig „Zielbereiche psychologischer Schmerztherapie" beschrieben, wie z. B.: „Modifikation katastrophisierender und anderer dysfunktionaler Kognitionen", „Optimierung eigener Schmerzbewältigungsfertigkeiten", „Verbesserung der sozialen Kompetenz und Selbstbehauptung" (Kröner-Herwig & Frettlöh, 2017, S. 287). Die meisten Erkrankten streben von sich aus weder nach einer Modifikation ihrer Kognitionen noch nach einer Optimierung ihrer Funktionstüchtigkeit. Sie wollen einfach nur diesen Tag überstehen – mit Rilke (1987, S. 664) gesprochen: „Wer spricht von Siegen? Überstehn ist alles."

➤ Samuel Koch (2019, S. 112) beispielsweise schreibt: „Der einzige Weg, um mit Schmerzen klarzukommen, ist eben manchmal, sie zu ertragen." Ähnlich sieht es Philippe Pozzo di Borgo (2012, S. 152): „Es hilft nichts: Ich muss abwarten, es aushalten, nicht dagegen ankämpfen, Kraft schöpfen, wenn es nachlässt, es geschehen lassen, wenn eine neue Attacke kommt."

Nicht nur der Schmerz muss ertragen werden, auch der Verlust vieler Lebensmöglichkeiten und -ziele. Das Ertragen fällt schwer – zumal in einer Gesellschaft, „die dem Menschen aufgibt, perfekt zu sein" (Maio, 2014, S. 102). Das Streben nach permanenter Verbesserung des Menschen mithilfe biologischer, psychologischer und technischer Mittel (zusammengefasst unter dem Begriff „Human Enhancement") suggeriert, dass der Wert eines Menschen in seiner Funktionstüchtigkeit liegt. Da chronische Schmerzen fast immer mit Leistungseinbußen verbunden sind, *können* Betroffene dem Ideal des optimal funktionierenden Menschen nicht mehr entsprechen, auch wenn sie dies noch so sehr wollen. Kurz: Das Paradigma der Selbstoptimierung macht chronischen Schmerz zu einer Bedrohung in doppelter Hinsicht: Er bedroht die Leistungsfähigkeit und damit zugleich den Wert des Erkrankten.

➤ Eine Schmerzpatientin (E-Mail vom 03.07.2018): „Es gibt ja diesen Spruch ‚wer heilt hat recht' – und ich habe manchmal den Eindruck, dass es auch die Haltung gibt, ‚wer gesund ist, hat recht'. Wer gesund ist, hat das Gefühl, darf das Gefühl haben, dass er oder sie irgendetwas besser, richtiger gemacht hat als ich. Auf diese Arroganz zu stoßen und in dieser Weise Projektionsfläche zu werden, ist nicht schön."

Ausgehend von den Selbstaussagen schmerzkranker Menschen habe ich folgenden Eindruck: Die meisten von ihnen brauchen und wollen keine Strategien zur Selbstoptimierung. Zumindest haben diese Strategien keine Priorität. Was sie brauchen, ist *Mut:* Mut, ihren Schmerz zu ertragen, Mut, weiterzuleben – trotz ihrer Schmerzen und trotz des Verlusts vieler Lebensziele.

> ▶ Der Philosoph Hans-Georg Gadamer (2003, S. 27) – aufgrund seiner Polio-Erkrankung mit starken Schmerzen vertraut – fasst zusammen, worauf es im Falle chronischer Schmerzen ankommt: „Es ist viel, was der Schmerz verlangt. Unbedingt erforderlich ist es, den Mut nicht aufzugeben, ganz egal, wie groß der Schmerz sein mag. Wer das fertigbringt, der kann die Schmerzen – es gibt im Deutschen ein wunderbares Wort dafür – ‚verwinden'."

Mut kann nicht verordnet oder empfohlen werden. Mut entwickelt sich. Unter anderem aus der wiederholten Erfahrung, ein Mensch von Wert zu sein. Denn Mut hat etwas mit Selbstvertrauen zu tun, mit dem Vertrauen in den unwandelbaren inneren Kern der Person. Mut hat nicht die Überwindung chronischer Schmerzen zum Ziel. Es geht vielmehr darum, sich sagen zu können: „Ich bin mir selbst treu geblieben – mit diesem Schmerz" (vgl. Abschn. 5.3). Mut heißt nicht, nicht mehr traurig, ängstlich oder verzweifelt zu sein. Mut heißt, *trotz* und *mit* aller Trauer, Angst und Verzweiflung weiterzuleben – auf eine Weise, die der eigenen Person entspricht.

Ein Therapeut kann diesen Mut durch die bereits beschriebenen Haltungen *Wertschätzung* und *Vertrauen* fördern, weil diese Haltungen das Selbstwert- und Identitätserleben des Patienten stärken und stützen. Darüber hinaus ist noch eine weitere Grundhaltung hilfreich, die in therapeutischen Lehrbüchern eher selten, in schmerztherapeutischer Literatur gar nicht erwähnt wird: *Mut zur Demut.* Was bedeutet Demut im Kontext einer Therapie? Und was hat therapeutischer Mut zur Demut mit dem Mut des Patienten zu tun?

Aus dem Wortschatz unserer Zeit und Kultur scheint der Begriff *Demut* herausgefallen zu sein. Demut passt nicht zum leistungsfähigen Menschen, der alles unter Kontrolle hat. Auch lassen Assoziationen von Gefügigkeit, Sich-Kleinmachen bis hin zur Selbstverleugnung eine Haltung der Demut als wenig erstrebenswert erscheinen. Doch: In dem Wort Demut steckt das Wort Mut. Der

Demuts-Begriff stammt vom althochdeutschen *diomuoti* ab: *dio* steht für Diener; *muot* heißt Mut. *Demut* bedeutet also so viel wie ‚*der Mut zum Dienen*'. Therapeutische Demut bedarf des Mutes, auf die Sicherheit zu verzichten, die eine Orientierung an Leitlinien zu bieten scheint, zugunsten einer Orientierung am Patienten und des Bemühens darum, von *seiner* Lebenswelt her zu denken. Als therapeutische Grundhaltung entspricht der Mut zur Demut dem eingangs beschriebenen Verständnis von Psychotherapie im Sinne von ‚*ich diene, ich pflege, ich sorge*' (vgl. Kap. 3).

Søren Kierkegaard (in: Pieper, 2000, S. 33) bezeichnete die Demut als „das Geheimnis in aller Helferkunst": „Alles wahre Helfen (…) beginnt mit einer Demütigung; der Helfer muss sich zuerst unter den demütigen, dem er helfen will und daran verstehen, dass helfen nicht herrschen heißt, sondern dienen." Auch Sokrates nahm sich in seinen Gesprächen zurück, um dem anderen zu ermöglichen, seine eigenen Gedanken zu entwickeln: „Sokrates, der Lehrer, tritt regelmäßig als Schüler auf. Nicht er will andere belehren, sondern von ihnen belehrt werden. Er ist der Unwissende, seine Philosophie tritt auf in der Gestalt des Nichtwissens. Umgekehrt bringt er seine Gesprächspartner in die Position des Wissenden" (Pleger, 1998, S. 57).

Auch bei der Begleitung von Schmerzpatienten geht es darum, sich selbst zurückzunehmen, um dem Betroffenen zu ermöglichen, seinen eigenen Weg im Umgang mit seinen Schmerzen zu finden. Anders formuliert: *Mut zur Demut* bedeutet, sich nicht als Experte zu sehen, vielmehr die Autorität des Patienten anzuerkennen, was chronische Schmerzen betrifft, Respekt zu haben vor *seinem* Wissen und vor *seinem* Erfahrungsschatz.

▶ Danach gefragt, ob sie bestimmte Erwartungen und Wünsche an das Verhalten ihrer Therapeuten habe, antwortet eine Schmerzpatientin (E-Mail vom 06.06.20):„Was für mich sehr, sehr wichtig ist: ich möchte mit meiner Therapeutin (und auch mit jedem Arzt) auf Augenhöhe reden dürfen. Dies ist für mich ein Teil von ernstgenommen werden. Weiter gehört dazu, dass meine persönlichen Erfahrungen Platz haben, da es um mich, um meine eigene Schmerzproblematik geht, um mein Erleben, auch wenn sich dies alles vielleicht von dem unterscheidet, was in einem Lehrbuch steht."

Nicht jede Therapie mit schmerzkranken Menschen verläuft so, wie gewünscht – etwa, wenn sich der Schmerz kaum verändert, wenn der Patient nach wie vor über Trauer, Angst und Verzweiflung klagt. Die Versuchung ist groß, den Stillstand der Therapie mit mangelnder Compliance des Patienten zu erklären, ihn also selbst dafür verantwortlich zu machen, dass es ihm einfach nicht besser geht. Was Therapeuten in dieser Situation brauchen, ist Mut zur Demut. Zum einen, um sich einzugestehen, dass man nicht jedem Schmerz beikommen kann. Zum anderen, um sich auf Fragen einzulassen, auf die es keine allgemeingültigen Antworten gibt – auf die Frage zum Beispiel: „Wie lebt man mit Schmerzen, die sich kaum noch beeinflussen lassen?"

Auf welche Weise therapeutischer Mut zur Demut den Mut der Patienten fördert, lässt sich anhand *rollentheoretischer Überlegungen* verdeutlichen, wonach jedes Verhalten in der Interaktion mit einem anderen Menschen von diesem eine entsprechende Gegenrolle erfordert (von Ameln & Kramer, 2014). Daraus folgt für die Patient-Therapeut-Beziehung: Je mehr der Therapeut die Führung übernimmt und dem Patienten Vorgaben für sein Verhalten macht, umso mehr legt er ihm damit die Rolle des passiven Kranken nahe. Nimmt der Therapeut dagegen wiederholt die Rolle des Lernenden ein, das heißt die Rolle eines Menschen, der von den Erfahrungen seiner Patienten lernen möchte, fördert er damit die aktiven und gesunden Anteile des Betroffenen.

In diesem Zusammenhang seien die Untersuchungen des amerikanischen Psychologen Joshua Hook (2013) zu der Frage erwähnt, welche Haltung ein Psychotherapeut gegenüber Patienten einnehmen sollte, die einen anderen kulturellen Hintergrund haben als er selbst. Als entscheidender Faktor erwies sich eine Haltung, die Hook als „kulturelle Demut" bezeichnet:

> „Darunter ist zu verstehen, dass ein Therapeut sich an anderen Menschen, vor allem an den Patienten, orientiert, und nicht an sich selbst. Er zeigt Respekt vor der kulturellen Sozialisation und Erfahrung der Patienten und stellt eine Atmosphäre her, die offen ist für andersartige Einstellungen und Überzeugungen. Der Therapeut versucht, ein Verständnis für die Identität des Patienten zu entwickeln – auch wenn dies nicht immer einfach ist" (aerzteblatt.de, 2013).

Auch die Haltung „kultureller Demut" erfordert vom Therapeuten, die Rolle des Lernenden einzunehmen, zumindest in bestimmten Momenten. Hooks Untersuchungen zufolge entwickeln Patienten zu Therapeuten mit dieser Haltung schneller Vertrauen als zu Therapeuten, die diese Haltung nicht zeigen. Auch fühlen sie sich insgesamt sicherer – mit der Folge, dass sich eine gute therapeutische Beziehung aufbauen lässt. Die hohe Korrelation zwischen der Qualität der Patient-Therapeut-Beziehung und dem Therapieerfolg ist von der Psychotherapieforschung inzwischen vielfach bestätigt worden (Grawe, 2004).

Die Befunde zur kulturellen Demut sind für die Therapie mit Schmerzpatienten allein schon deshalb von Bedeutung, weil „Ärzte und Patienten zwei grundlegend verschiedenen Welten angehören" und das Erleben von Schmerz

„sehr verschieden aussieht, je nachdem, welcher Welt man angehört" (Morris, 1996, S. 87). Die Zugehörigkeit zu verschiedenen Welten erschwert die Verständigung über den Schmerz, erschwert das Verständnis des Therapeuten für manche Reaktionen seiner Patienten. Die Verständigung zwischen Therapeut und Patient wird durch den Mut des Therapeuten zur Demut gefördert – durch eine Haltung, die vor allem durch folgende Aspekte gekennzeichnet ist:

- Der Therapeut erkennt und akzeptiert seine eigenen Grenzen im Hinblick auf chronischen Schmerz.
- Er ist offen für Einstellungen, die anders sind als seine eigenen.
- Er ist dazu bereit, sich wiederholt in die Welt des Patienten zu begeben, die Situation aus *seiner* Sicht zu sehen, aus *seiner* Biografie, aus *seinen* Erfahrungen und Lebensumständen heraus.
- Er bemüht sich darum, „ein Verständnis für die Identität des Patienten zu entwickeln – auch wenn dies nicht immer einfach ist" (aerzteblatt.de, 2013).

Empirische Beweise für die Wirkkraft dieser Einstellungsaspekte auf das Wohlbefinden von Schmerzpatienten stehen noch aus. Ich vermute jedoch, dass sich therapeutische Demut bei schmerzkranken Menschen gleichermaßen positiv auswirkt wie therapeutische Demut bei Patienten aus einer fremden Kultur. Bestätigt wird diese Vermutung durch eine Untersuchung der norwegischen Psychologin Helene A. Nissen-Lie (2013) zur Wirkung einer Vielzahl von Therapeutenvariablen. Zur Überraschung der Autorin und ihrer Kollegen erwies sich die Haltung der *Demut* als „Kennzeichen eines guten Therapeuten":

„Die Bereitschaft, auf den anderen zu hören, ist wahrscheinlich von zentraler Bedeutung für die Erklärung, warum Demut von Vorteil ist. Eine bescheidene Haltung könnte auch notwendig sein, damit Therapeuten offen für Rückmeldungen über den tatsächlichen Fortschritt ihres Klienten sind, anstatt nur davon auszugehen, dass alles gut läuft, oder dem Klienten die Schuld für mangelnden Fortschritt zu geben. Demut kann den Therapeuten auch die Bereitschaft geben, sich bei Bedarf selbst zu korrigieren" (Nissen-Lie, 2013).

Übertragen wir diesen Befund auf die Therapie mit schmerzkranken Menschen, so heißt Mut zur Demut immer auch dies: auszuhalten, wenn sich die Schmerzen des Kranken im Therapieverlauf nur geringfügig ändern. Ein Therapeut, der anerkennen kann, dass nicht jeder Schmerz kontrollierbar ist, entlastet den Patienten von Versagensängsten, bewahrt ihn vor überfordernden Erwartungen an seine Eigenaktivität und Verantwortlichkeit. Vereinfacht zusammengefasst bedeutet therapeutischer Mut zur Demut, vom Dogma der Kontrollierbarkeit allen Lebens

Abstand zu nehmen zugunsten einer Haltung der *Ehrfurcht* – der Ehrfurcht vor
dem Leben und damit auch vor dem Schmerz. Ehrfurcht vor dem Schmerz verändert die Sicht auf die betroffenen Menschen: Vorschnelle Pathologisierungen
treten zurück zugunsten des Respekts vor dem Kranken und einer Anerkennung
dessen, was dieser tagtäglich auf sich nimmt.

In dem Roman „Die Pest" von Albert Camus wird die Stadt Oran von der Pest
heimgesucht. Oran wird abgeriegelt. Ein Entkommen ist unmöglich. Als Arzt
hat Bernard Rieux die unterschiedlichsten Reaktionen auf das Unglück beobachten können. Einige Bewohner der Stadt denken an Selbstmord oder an Flucht.
Manche betäuben sich mit Wein oder alltäglichen Aktivitäten wie Fensterput-
zen, andere predigen den Weltuntergang, spielen sich als Experten auf, werden
zu Plünderern oder Schleusern. Wieder andere vergraben sich in Erinnerungen
oder wählen die Verdrängung. Viele dieser Verhaltensweisen könnten durchaus
als ‚dysfunktional' bezeichnet werden. Doch Rieux enthält sich jeder Bewertung.
Am Ende der Pest verfasst er einen Bericht. Weil er schildern möchte, „was man
in den Heimsuchungen lernen kann, nämlich, dass es an den Menschen mehr zu
bewundern als zu verachten gibt" (Camus, 1966, S. 182). Auch in den Heimsuchungen durch chronischen Schmerz kann man lernen, „dass es an den Menschen
mehr zu bewundern als zu verachten gibt."

Die *Bewunderung* des Therapeuten übermittelt sich dem Patienten auf
unterschiedliche Weise: durch seine Worte, Mimik und Gestik, durch einen
zustimmend-anerkennenden Ausruf, vor allem aber durch die Art und Weise,
wie er den Kranken anschaut. Heinz Kohut (1990, S. 141) spricht vom „Glanz
im Auge der Mutter", um die Bedeutung zugewandt-empathischer Aufmerksamkeit einer Mutter für die seelische Entwicklung ihres Kindes zu umschreiben.
Bezogen auf die therapeutische Situation ist es *der Glanz im Auge des Therapeuten*, der für die seelische Entwicklung seiner Patienten wesentlich ist, der Glanz
der Bejahung, der Glanz bedingungsloser Anerkennung und Anteilnahme. Skepti-
sche, mitleidige, ungeduldige oder auch erschrockene Blicke können entmutigen.
Der Glanz im Auge des Therapeuten aber macht *Mut*. Weil er den Patienten in
seinem Menschsein bestätigt, in seinem innersten Wesen, das auch der Schmerz
nicht zerstören kann.

Bewunderung ist etwas anderes als Lob. Lob stellt den Patienten auf ein
Podest: „Wie Sie das alles aushalten!", „Wie tapfer Sie sind!" Genau besehen
macht ein solches Lob keineswegs ‚groß', sondern ‚klein', weil es wertet und
urteilt. Der Lobende nimmt die Rolle eines Richters ein, der weiß, welches Verhalten ‚richtig' ist, welches ‚falsch': „Ja, Sie machen das sehr gut!" Die meisten
Patienten erleben ein solches Lob keineswegs als Ermutigung, eher als unguten
Druck. Nicht das Lob an sich setzt unter Druck, aber die Erwartung, dem Bild

des tapferen Helden genügen zu müssen. Belastend zudem ist die Selektivität, mit der das Lob ausgesprochen wird. Gelobt wird vor allem das klaglose Ertragen der Schmerzen, ohne die Umwelt damit über Gebühr zu belasten. Im Gegensatz zum Lob, das selektiv nur ein bestimmtes Verhalten meint, umfasst Bewunderung die gesamte Person des Erkrankten, bezieht sich auf seine Tapferkeit, aber auch auf seine Trauer und Angst. Eben darin liegt die Wirkkraft des bewundernd-anerkennenden Blicks: in der Vermittlung der Erfahrung, ein Mensch von Wert zu sein und zu bleiben – trotz und mit Schmerz, trotz und mit Trauer und Angst. Aus einem verstärkten Bewusstsein für den eigenen Wert erwächst Mut:

- Mut, die Person, die man ist, nicht aufzugeben,
- Mut, dem Schmerz nicht in der Haltung des Opfers zu begegnen, sondern erhobenen Hauptes.

▶ Eine Schmerzpatientin (E-Mail vom 06.09.2020): „Mit Schmerz ist es noch mal so, dass man damit konfrontiert ist, gesellschaftlichen Anforderungen nur bedingt gerecht zu werden und immer wieder damit zu hadern, so nehme ich das zumindest auch bei anderen wahr. Dabei können wir auch stolz darauf sein, wie wir mit dem Schmerz und trotz der Hindernisse und Erschwernisse leben. Das könnte auch ein Thema für die Therapie sein. Sich nicht bemitleidenswert und weniger belastbar fühlen, sondern stolz sein dürfen und von Herzen Stolz fühlen!"

Zusammengefasst

Therapeutischer Mut zur Demut zeigt sich im Verzicht auf die Expertenrolle in Sachen Schmerz, auch im Verzicht auf überfordernde Ansprüche an die Bewältigungsmöglichkeiten des Kranken zugunsten einer aufrichtigen Anerkennung dessen, was der Schmerz ihm alltäglich abverlangt. Anerkennung und Respekt tragen dazu bei, die Selbstwahrnehmung des Betroffenen zu differenzieren: Der Schmerz gefährdet seine Funktionstüchtigkeit, nicht aber seinen Wert als Mensch. In dem Maße, in dem das *Ja* des Erkrankten zu sich selbst (wieder) lauter wird, wächst auch sein Mut, die Schmerzen auf sich zu nehmen – weiterzuleben. Philippe Pozzo di Borgo (Pozzo di Borgo et al., 2012, S. 48) schreibt: „Wir sehnen uns nach einem Lächeln, einem Austausch, der uns stärkt, weil er uns sagt, dass es uns gibt und dass wir wertvoll sind."

Therapeutische Interventionen

Im Folgenden werden *drei therapeutische Interventionen* diskutiert, mit denen die soeben vorgestellten Grundhaltungen in Handlung umgesetzt werden können. Auch diese Verhaltensweisen sind abgeleitet aus den Aussagen schmerzkranker Menschen, aus ihren Wünschen an Ärzte und Therapeuten.

5.1   Zuhören

Wie stark und von welcher Qualität ein bestimmter Schmerz von einem bestimmten Menschen *erlebt* wird, kann nicht allein über Zahlen auf der Numerischen Ratingskala oder über Eigenschaftswörter auf einer Eigenschaftswörterliste vermittelt, kann vielmehr nur *veranschaulicht* werden – anhand von Bildern, Vergleichen, Gleichnissen und Geschichten: „Vielleicht gibt es kein anderes Mittel, um Erfahrung auszudrücken, als das Erzählen von Vorfällen, also von Geschichten" (Max Frisch, in: Schmitz-Emans, 1994, S. 74). Wer aber hört den Geschichten schmerzkranker Menschen zu? Wer hört ihrer Trauer und Angst zu, die in diesen Geschichten zum Ausdruck kommen? In unserer Zeit und Kultur hat der offene Ausdruck von Trauer, Angst und Verzweiflung einen schlechten Ruf. Auf die Standard-Höflichkeitsfrage „Wie geht es Ihnen?" wird die Standard-Höflichkeits-Antwort „Gut" erwartet. Halbwegs akzeptiert werden relativierende Bemerkungen wie „Geht so" oder „Muss halt gehen". Weinen und Klagen aber stoßen häufig auf Unverständnis und Hilflosigkeit.

Die Originalversion dieses Kapitels wurde revidiert. Ein Erratum ist verfügbar unter https://doi.org/10.1007/978-3-658-35053-6_7

> ⫸ Daniele Hänle (2015, S. 103) beschreibt das Verhalten ihrer Umwelt auf
> ihre Trauer: „Es gibt Menschen, die reagieren fast entsetzt, wenn ich
> sage, dass ich um meine vergangenen Freuden trauere. Für mich ist
> mit diesen Verlusten aber ein Teil meines Lebens verloren gegangen.
> Darf ich darüber nicht Trauer tragen?"

Viele schmerzkranke Menschen haben den Eindruck, dass die meisten ihrer
Bekannten und Freunde gar nicht wissen wollen, wie es sich lebt – mit anhalten-
dem Schmerz, mit der Angst, vielen Anforderungen im beruflichen und privaten
Alltag nicht mehr gewachsen zu sein, mit der Verzweiflung angesichts der Erfahrung, die Kontrolle über das eigene Leben an den Schmerz zu verlieren. Manch
ein Erkrankter zieht sich zurück – aus Enttäuschung und Traurigkeit über Desin-
teresse und Gleichgültigkeit vieler Freunde. Das Bedürfnis nach einem Menschen,
der zuhört, bleibt dennoch bestehen, wirkt im Inneren fort, wird zur Erfahrung
einer Einsamkeit, die mitunter schwerer zu ertragen ist als der Schmerz selbst.

> ⫸ Eine Schmerzpatientin (E-Mail vom 06.06.2020): „Ja, hätte ich einen
> Wunsch frei, würde ich mir wohl einen Weg aus dieser Einsamkeit
> wünschen."

Im Rahmen psychologischer Schmerztherapie „zählen bedrohliche Überbewertun-
gen von Schmerzen (Katastrophisieren) zu den eindeutig maladaptiven Formen"
schmerzbezogener Kognitionen (Hasenbring et al., 2017, S. 118). Gewünscht ist
der zuversichtliche und seinen Schmerz akzeptierende, nicht aber der klagende
Patient. Erwartungen dieser Art werden schmerzkranken Menschen insofern nicht
gerecht, als es in der Natur des Menschen liegt, gegen Leiderfahrungen aufzu-
begehren. Die Orientierung an der preußischen Tugend „Lerne leiden, ohne zu
klagen" (Friedrich III.) nützt vornehmlich dem Gegenüber – weniger dem, der
leidet. Immer wieder betonen Patienten, wie befreiend es ist, einem Menschen
zu begegnen, der ihnen ‚einfach nur zuhört'. Die an chronischem Kopfschmerz
erkrankte Birgit Schmitz (2016, S. 187) berichtet davon, dass sie im ersten Jahr
ihrer Psychotherapie nur geweint habe – „immer genau 45 Minuten, immer genau
eine Sitzung lang." Es ist in Ordnung zu weinen. Es ist in Ordnung, negativ zu
denken. Denn Schmerz ist „ohne negative Gedanken gar nicht vorstellbar" (ebd.).
    Symbol aller leidenden Menschen ist Hiob. Hiob hat alles verloren, seine
Kinder, seinen Besitz. Zuletzt wird er zudem noch von schwerer Krankheit und
starken Schmerzen befallen. Seine Freunde reden auf ihn ein, fordern ihn dazu
auf, doch endlich anzuerkennen, dass er sich falsch verhalten habe, denn anders
seien seine Schmerzen nicht zu erklären. Was Hiob (21, 2) sich schließlich von

seinen Freunden wünscht, entspricht dem Wunsch fast aller schmerzkranker Menschen – zu allen Zeiten und in allen Kulturen: „Wenn ihr doch einmal richtig hören wolltet! Denn damit könntet ihr mich wirklich trösten. Ertragt mich doch, gestattet mir zu reden."

Die therapeutische Funktion des Zuhörens ist in unterschiedlichen Kontexten untersucht und beschrieben worden (z. B. Jelitto, 2019; Maio, 2017; Sehouli, 2018). Wie ein Therapeut einem Schmerzpatienten zuhört, wird entscheidend von seinem Schmerzverständnis bestimmt. Führt er den chronischen Schmerz auf das Vorliegen dysfunktionaler Verarbeitungsmuster zurück, besteht die Gefahr, dass er sein Zuhören instrumentalisiert, reduziert auf die Suche nach unzureichenden Kognitionen des Kranken. Versteht er den Schmerz als „zur Grundausstattung des Menschen" gehörend (Treichler, 2017, S. 23), ist sein Zuhören weniger selektiv, bleibt vielmehr offen für alles, was der Patient ihm erzählt. Eben diese Art des Zuhörens ist es, nach der schmerzkranke Menschen sich sehnen.

▶ Beate Schulte (in: krankheitserfahrungen.de) fasst diese Sehnsucht in folgende Worte: „Ja, ich denke, das ist einfach wichtig, dass man genau hinhört, was der Patient sagt. Denn nicht jeder ist so ein Fall aus dem Lehrbuch, wo man sagen kann, der hat die Diagnose, also muss das helfen. Bei manchen ist eben auch etwas Anderes nötig. Ich denke, das ist eigentlich das Wichtigste, das Zuhören und das ernst nehmen."

Im Rahmen einer Psychotherapie geht es vor allem um die *Erlebniswelt* des Erkrankten. Zu dieser Erlebniswelt gibt es keinen anderen Zugang als den übers Zuhören. Folgende Merkmale machen Zuhören zu einer therapeutischen Kraft:

- Zuhören setzt voraus, dem Patienten die *Zeit* zu geben, die er braucht, um all das zu äußern, was ihm in der gegebenen Situation auf der Seele liegt. Manch einer kann sich nur auf Umwegen den Erfahrungen nähern, die er vermitteln möchte. Nicht selten jedoch finden sich auf diesen Umwegen Hinweise darauf, was dem Betroffenen bei der Auseinandersetzung mit seiner Situation helfen könnte. Zudem fördert Zuhören die Wahrnehmung des Therapeuten – sowohl für die Befindlichkeit des Patienten als auch für das, was ihm Halt und Orientierung geben könnte beim Umgang mit seinem Schmerz. Kurz: Das, was zunächst als zeitraubend erscheint, kann sich auf lange Sicht als zeitsparend erweisen.
- Zeit zu geben, bezieht sich auf den Patienten, zugleich auf ihn, den Therapeuten. Denn Zuhören bedeutet immer auch, *sich selbst* die Zeit zu geben,

die man braucht, um sich in den Patienten einfühlen zu können – zumindest annäherungsweise.

- Zuhören ist nicht nur eine Frage der Zeit, sondern auch der persönlichen *Wertschätzung* (vgl. Abschn. 4.1). Ein Therapeut, der sich beim Zuhören Zeit nimmt, vermittelt dem Kranken: „Sie sind mir diese Zeit wert."
- Voraussetzung für wertschätzendes Zuhören ist, den Patienten und seine Sicht der Dinge verstehen zu *wollen* (vgl. Abschn. 4.3).
- Zuhören bedeutet, nicht nur auf die Worte des Kranken zu achten, sondern auch auf seine Mimik und Gestik, auf Atemrhythmus, Stimmmodulation, Tonfall und Sprechtempo, auf das Rot- oder Blasswerden der Haut, auf deutliche Pausen im Gespräch, den häufigen Blick auf die Uhr, das Zittern der Hände...
- Der Therapeut hört seinem Patienten zu, auch wenn er *schweigt*. Es gibt Situationen, für die ein Kranker keine Worte (mehr) hat, in denen er aber dennoch einen Zuhörer braucht. Dem Schweigen zuzuhören, fällt leichter, wenn man sich fragt: „Was sagen mir die Tränen des Kranken? Was vermittelt mir seine Körperhaltung? Was höre ich aus seiner Atmung?" Auch die Dinge, mit denen sich ein Patient umgibt – Fotos auf seinem Nachttisch, Bücher, ein Schmuckstück -, besitzen eine *Sprache,* teilen etwas über seine Vorlieben, Interessen oder ihm nahestehende Personen mit.
- Therapeutisches Zuhören sollte von einem *„Ja" zur Klage* getragen sein, sodass der Patient auch von den nonverbalen Botschaften seines Therapeuten her *spüren* kann, dass er weinen und klagen *darf*! Dass seine Klagen nicht nur geduldet, sondern an- und ernstgenommen werden. Die reflexartige Reaktion auf Schmerz ist ein „Nein! Damit will ich nicht leben!" Das „Nein!" ist normal und sollte zum Ausdruck gebracht werden dürfen, auch klagend, auch weinend, auch dramatisierend. Ein Therapeut, der die Klagen des Kranken aushalten kann, solidarisiert sich mit ihm angesichts einer Welt, in der es nicht nur Sonnenschein gibt, sondern auch Hagel und Sturm.
- Das „Ja" zur Klage hängt eng mit einem weiteren Aspekt zusammen, der für die Wirkkraft des Zuhörens entscheidend ist: der Aspekt der *Wertfreiheit*. Wertfreies Zuhören bedeutet, sich den Aussagen des Patienten zuzuwenden, ohne das Gehörte dieser oder jener Kategorie bestimmter Krankheitstheorien zuzuordnen, ohne das Gesagte infrage zu stellen – und sei es durch hochgezogene Augenbrauen. Das eigene Verhalten weder rechtfertigen noch erklären zu müssen, ist eine Erfahrung, die schmerzkranke Menschen selten machen. Weshalb sie so kostbar ist.
- Letztlich beinhaltet Zuhören, das Gehörte nicht einfach nur zu hören (wie man etwa die Worte eines Nachrichtensprechers hört), sondern sich auf das, was man gehört hat, auch einzulassen. Die Worte Jesu „Wer Ohren hat zum

Hören, der höre" (Lukas 14, 35) mögen wörtlich genommen sinnlos sein. Einen Sinn gewinnt die Formulierung in ihrer übertragenen Bedeutung: „Benütze die Ohren nicht bloß, um zu hören, sondern, um richtig zu hören; richtig hören aber heißt: verstehen; verstehen aber heißt: beherzigen" (Kretz, 1981, S. 13)!

Zwei Beispiele aus dem stationären Bereich: Eine Patientin berichtet, dass es ihr unangenehm sei, bei nacktem Oberkörper von einem Physiotherapeuten den Rücken massiert zu bekommen. Der Therapeut setzt sich dafür ein, dass eine Physiotherapeutin die Massage übernimmt, Ein Patient leidet unter den Nebenwirkungen eines bestimmten Medikaments, wagt aber nicht, darüber mit dem Stationsarzt zu sprechen. Der Therapeut vermittelt daraufhin ein Gespräch.

Mit einem Menschen zur Seite, der ihm ‚einfach nur' zuhört, bekommt der Patient (wieder) Mut, seine Gefühle zu äußern und die Dinge so darzustellen, wie er sie im Augenblick wirklich empfindet, vielleicht auch Verhaltensweisen zu beschreiben, von denen er selbst weiß, dass sie ‚ungünstig' sind – sei es, dass er manchmal ein Glas Wein zu viel trinkt, sei es, dass er sich an guten Tagen zu viel Arbeit auflädt, wohl wissend, dass es ihm anderntags schlecht gehen wird, sei es, dass es ihm oft nicht gelingt, sich Zeit für eine Entspannungs- oder Atemübung zu nehmen… Zuhören ist der Weg, auf dem der Therapeut einem schmerzkranken Menschen nahekommen kann – nicht immer, um ihn zu verstehen (dem Verständnis chronischer Schmerzen sind Grenzen gesetzt), wohl aber, um ihm zu vermitteln, nicht allein zu sein, zumindest nicht in diesem Moment.

Zusammengefasst

Bei aller Unterschiedlichkeit im Hinblick auf ihre Persönlichkeit und ihre Lebensumstände stimmen die meisten Schmerzkranken in ihrer Sehnsucht nach einem Menschen überein, der ihnen zuhören und sich auf das Gehörte einlassen kann: „Und das ist das, was ganz, ganz wichtig ist: zuhören und mehr auf den Menschen eingehen" (Daniela Klein, in: krankheitserfahrungen.de). Therapeutisches Zuhören ist gekennzeichnet durch Aspekte wie Wertschätzung und Bezogenheit auf den Patienten, Wertfreiheit sowie die Bereitschaft, das Gehörte auszuhalten und im eigenen Handeln zu berücksichtigen. Ein so verstandenes Zuhören ist zentral für den Aufbau einer therapeutischen Beziehung, die auch dann tragfähig bleibt, wenn sich am Schmerz des Erkrankten wenig oder gar nichts verändert.

5.2   Trost

Im Rahmen eines naturwissenschaftlichen Menschenbildes wird chronischer Schmerz als Defekt gesehen, der prinzipiell kontrollierbar ist. Davon ausgehend werden standardisierte Behandlungsprogramme als Mittel der Wahl beschrieben, um „das Repertoire an Bewältigungsstrategien von Patienten zu erweitern" (Frettlöh & Hermann, 2017, S. 354). Viele dieser Strategien sind wichtig und hilfreich, vielleicht sogar notwendig, nicht aber hinreichend im Hinblick auf die existentielle Not der Erkrankten. Denn der Mensch ist nicht nur ein funktionierendes, er ist auch „ein trostsuchendes Wesen" (Georg Simmel, in: Maio, 2017, S. 445). Trost ist ein altmodisches Wort, wird mitunter auch mit dem Begriff *Zuwendung* umschrieben. Die Sehnsucht danach wird von Patienten nicht immer verbalisiert. Manche glauben, als Erwachsene aus dem Alter heraus zu sein, in dem man bei einem Schmerz getröstet sein will.

> ▶   Richard Schäfer (in: krankheitserfahrungen.de): „Aber dann ist so das Gespür da, ja die Sehnsucht nach Zuwendung da. Aber ich bring es dann auch nicht fertig, das zu sagen in irgendeiner Form."

In der Schmerztherapie wird Trost als therapeutische Variable nur selten erwähnt, wenn überhaupt, dann im Rahmen der Palliativmedizin, bei der Behandlung von Menschen also, deren Tod kurz bevorsteht. Chronisch Schmerzkranke werden nicht wieder gesund, sie werden aber auch nicht so bald sterben. Dennoch bedürfen auch sie des Trostes angesichts ihrer Leiden an Körper und Seele. Im Gegensatz zu diesem Bedürfnis steht die Realität. Während Menschen im Falle akuter Schmerzen Anteilnahme und Trost erhalten, erfahren sie im Falle chronischer Schmerzen „oft das genaue Gegenteil", nämlich „Abwehr und Ausgrenzung" (Jelitto, 2019, S. 42).

> ▶   Heleen N. (in: van der Zee, 2013, S. 121), nach einer Borreliose chronisch schmerzkrank: „Unser Freundeskreis war äußerst mitfühlend, aber länger als sechs Wochen hat niemand Mitleid. Schon gar nicht über Jahre hinweg."

Dieser Erfahrung entspricht, was Friedrich Nietzsche (in: Cermak, 1983, S. 222) über die sozialen Auswirkungen chronischer Krankheit notiert: „Nicht zu lange krank sein. – Man hüte sich, zu lange krank zu sein: denn bald werden die Zuschauer durch die übliche Verpflichtung, Mitleiden zu bezeigen, ungeduldig,

weil es ihnen zu viel Mühe macht, diesen Zustand lange bei sich aufrechtzu-
erhalten." Viele schmerzkranke Menschen haben Verständnis für die Ungeduld
ihrer Mitmenschen. Doch ihr Bedürfnis nach Trost erlischt dadurch nicht. Was
ist unter *Trost* zu verstehen und was genau unter *therapeutischem Trost?* Das
Wort Trost stammt etymologisch von dem indogermanischen Wortstamm *treu* ab
„und bedeutet eigentlich (innere) Festigkeit" (Meurer & Otten, 2013, S. 110).

> ‣ Der Philosoph Georg Simmel (in: Maio, 2017, S. 445) definiert den
> Begriff folgendermaßen: „Trost ist etwas anderes als Hilfe – sie sucht
> auch das Tier; aber der Trost ist das merkwürdige Erlebnis, das zwar
> das Leiden bestehen lässt, aber sozusagen das Leiden am Leiden auf-
> hebt, er betrifft nicht das Übel selbst, sondern dessen Reflex in der
> tiefsten Instanz der Seele."

Oft kann der Therapeut an der Situation des Kranken nichts oder nur wenig
ändern, doch kann er ihm Halt (Festigkeit) geben, wenn ihn Trauer und Angst
zu überrollen drohen. Worin dieser Halt besteht, ist abhängig von der Person des
Kranken, zugleich von der Person dessen, der tröstet, sowie von der Situation,
in der sich beide befinden. Manche Menschen trösten vor allem über das Wort,
einige über nonverbales Verhalten (eine kurze Berührung an Hand, Arm oder
Schulter), wieder andere trösten, indem sie dem Erkrankten eine bestimmte CD,
ein Buch oder eine Blume mitbringen. Bei aller Unterschiedlichkeit der Verhaltensweisen, in denen sich Trost manifestieren kann: Trost ist wertfrei, geduldig
und anerkennend. Vor allem: Trost *glaubt,* was der andere sagt.

> ‣ Eine Schmerzpatientin (in: Tölle & Schiessl, 2019, S. 36): „Beim Arzt
> glaubte man mir, wie sehr ich litt. Das machte es tatsächlich besser."

Um einen schmerzkranken Menschen zu trösten, braucht es Mut, seinem Leiden
standzuhalten und es als das zu benennen, was es ist: „schlimm". Das Benennen einer Leiderfahrung ist etwas anderes als eine Pseudosolidarisierung wie:
„Ich weiß, wie schwer das für Sie ist." Bemerkungen dieser Art werden von
den meisten Patienten *nicht* als hilfreich erlebt, sondern „als oberflächliche Flos-
kel, die keinen Trost spendet, sondern eher sogar Wut auslösen kann" (Sehouli,
2018, S. 105). Entscheidend für die Wirkmacht von Trost ist seine *Aufrichtigkeit.*
Holpriges Suchen nach Worten kann trostreicher sein als eine druckreife Formulierung, weil sie dem Patienten vermittelt, dass sich der Therapeut von dem
berühren lässt, was ihm (dem Betroffenen) widerfahren ist.

> ⟩⟩   Folgendes Beispiel einer Schmerzpatientin (in: Frede, 2018, S. 247) veranschaulicht, wie unspektakulär Trost daherkommen kann: „Wenige Minuten vor der Visite hatte ich der Krankenschwester gegenüber erwähnt, dass ich große Angst davor habe, operiert werden zu müssen. Ich hoffte so sehr auf eine andere Möglichkeit. Der Arzt erschien – und ließ an der Notwendigkeit einer Operation keinen Zweifel. Während er das weitere Vorgehen erklärte, legte die Krankenschwester ihre Hand auf meinen Oberarm, ließ sie eine Weile dort liegen."

Die wortlose Geste der Krankenschwester wirkt weit über die Begegnung hinaus. Die Patientin berichtet, sie habe die Berührung noch Tage danach auf ihrem Arm spüren können. Sie habe dann lächeln müssen und sich in ihrer Angst nicht mehr so einsam gefühlt.

Zur Entfaltung eines stabilen Selbstwertgefühls braucht der Mensch die Erfahrung, von anderen Menschen wahr- und ernstgenommen zu werden. Eine solche Erfahrung ist nicht nur in Kindheit und Jugend für das Identitätsgefühl „eine absolut unentbehrliche Stütze" (Erikson, 1980, S. 138), sondern in jedem Lebensalter, insbesondere dann, wenn das Selbstwert- und Identitätserleben aufgrund bleibender Leistungseinbußen erschüttert wird. Viele Schmerzpatienten berichten von der Angst, ihre Persönlichkeit könne sich auflösen im Schmerz. Angesichts dieser Angst gibt es nichts Kluges zu sagen. Was hilft: Bei dem Erkrankten zu bleiben, seine Angst auszuhalten und *anzusprechen*. Die Befürchtung, die negativen Gefühle des Erkrankten noch zu vertiefen, würde man sie benennen, erweist sich als unbegründet. Das Gegenteil ist der Fall: Wie jüngste Untersuchungen zum „*Affect labeling*" bestätigen, reduziert das Benennen der Gefühle die Aktivität in den emotionalen Zentren des Gehirns (vornehmlich in der Amygdala und in anderen limbischen Regionen), während sich die Aktivität im Großhirn (vor allem im präfrontalen Kortex) erhöht (Lieberman, 2007): „Wenn also ein Gefühl nicht nur ein Gefühl bleibt, sondern mit Sprache ‚zum Ausdruck' kommen darf, erleben wir Menschen eine Stresslinderung und die Zunahme ‚klarer Gedanken'" (NLC Info, 2019). *Leid will gewürdigt werden.* Ein Therapeut würdigt das Leid seines Patienten, indem er es wahrnimmt und ihm einen Namen gibt.

Trost hat immer auch etwas mit *Mitgefühl* zu tun, mit der Bereitschaft, im leidenden Menschen sich selbst zu sehen. Niemand wünscht sich Krankheit und Schmerz, doch gehören sie zur Vielfalt menschlicher Lebenserfahrungen. Wegschauen kann nicht davor bewahren, selbst auch einmal schmerzkrank zu werden. *Hinschauen* aber kann immerhin helfen, sich mit Schmerzen vertrauter zu machen, um im Falle eigener Erkrankung vorbereitet zu sein (zumindest ein wenig). Schmerzpatienten bedeutet dieses Hinschauen viel – mitunter mehr, als sich schmerzgesunde Menschen vorstellen können: Wer wahrgenommen wird, den gibt es. Mitgefühl, bei dem die Leiderfahrungen des Kranken in ihrer vollen Größe gesehen werden, bestätigt ihn in seiner Existenz: „Esse est percipii" = „Sein ist Wahrgenommenwerden", wie es der irische Philosoph und Theologe George Berkeley (1685–1753) formuliert hat.

> Eine Schmerzpatientin wird ihrer chronischen Erschöpfung wegen in einem Schlaflabor untersucht. In einer E-Mail (vom 05.07.2020) beschreibt sie, dass die Verkabelung durch einen technischen Mitarbeiter vorgenommen wurde: „Während unserem Gespräch fragte er dann auch nach meiner Situation. Seine Reaktion auf meinen Satz, dass ich seit 30 Jahren Schmerzen habe: ‚Oh, das tut mir wirklich leid.' Frau Frede, das ist ein Satz, den ich kaum mal zu hören bekommen habe, und ja, zwischendurch tut so eine Aussage einfach gut."

Obige E-Mail erhielt ich drei Wochen nach der beschriebenen Situation. Die wenigen Worte des technischen Mitarbeiters wirkten immer noch nach: „Oh, das tut mir wirklich leid." Sätze wie diese haben eine sehr hohe Halbwertzeit. Im Folgenden ein Beispiel für Trost im therapeutischen Kontext.

Beispiel

Kathrin Wagner (53 Jahre) hat seit ihrem 21. Lebensjahr Schmerzen. Erstdiagnose: Angeborene, ausgeprägte Bandlaxizität, Springende Hüfte. Eine Operation vor 30 Jahren verschlimmert die Situation des beidseitigen Hüftleidens drastisch, führt zu vermehrten Schmerzen und weiteren Einschränkungen ihrer körperlichen und später auch geistigen Leistungsfähigkeit. Zum Verlust der Arbeitsfähigkeit und ihres musischen Wirkens kommt der Verlust von sozialen Kontakten. Was bleibt: eine allumfassende Traurigkeit, eine bodenlose Erschöpfung. Eines Tages erhalte ich eine E-Mail, in der es um diese beiden Erfahrungen geht, vor allem um ihre Erschöpfung, die sich jeder Kontrolle entzieht und ihre Zukunft in Dunkelheit taucht. Sie habe versucht, „dieses Thema zeichnerisch" zu gestalten. Das folgende Bild fügt Frau Wagner ihrer E-Mail als Anhang hinzu: s. Abb. 5.1.[1]

Ich bin berührt von der Zeichnung und antworte umgehend: „Danke, Frau Wagner, für das Vertrauen, das Sie mir schenken! Es ist einfach so – wir

---

[1] Frau Wagner war mit der Veröffentlichung ihres Bildes und ihrer E-Mail sofort einverstanden.

Abb. 5.1 Zeichnung von Kathrin Wagner, mit freundlicher Genehmigung

wissen es beide -, dass es im Grunde keine rechten Worte gibt, um diese abgrundtiefe Erschöpfung zu beschreiben. Ebenso schwer ist es, die rechten Worte zu finden, um Zuwendung, um Verständnis und Trost zu formulieren. Während ich nachdachte über Ihre Zeilen, tauchte in meinem Kopf immer wieder ein bestimmtes Motiv von Picasso auf. Ich schicke es Ihnen – verbunden mit der Vorstellung, dass ich Ihre Hand nehme und sie für eine kleine Weile in der meinen halte."

Unter diese Sätze kopiere ich eine Postkarte mit der Zeichnung „Verschränkte Hände" von Pablo Picasso (CardAndArt), auf der man eine Hand sieht, die eine andere hält.

Am Tag darauf erhalte ich Frau Wagners Antwort:

> „Ich danke Ihnen sehr herzlich für Ihre lieben Worte!! Mir sind die Tränen gekommen, Ihre Worte haben mir unendlich gutgetan. Sie schreiben, dass es eigentlich keine Worte gibt, diese schlimme Erschöpfung zu beschreiben, und noch mehr fehlen passende Worte für Trost und Verständnis. Ja, es gibt Situationen und Zustände, da Worte kaum greifen. Und doch haben SIE mit IHREN WORTEN etwas in mir ausgelöst!!! Sie haben AUSGESPROCHEN, dass in komplexen Situationen Worte fehlen. Dies war – und ist es auch heute noch – für mich wie Trost und abgerundet mit Pablo Picassos Händen erst recht!!! Diese Hände wurden für einen Moment Ihre und meine! Grad spüre ich beim Schreiben wieder dieses Wohlgefühl, dieses zutiefst Verstanden-werden."

◄

Zusammengefasst

Die Art und Weise therapeutischen Tröstens zeigt sich in unterschiedlichen verbalen und nonverbalen Verhaltensweisen. Der gemeinsame Nenner der vielfältigen Formen des Trostes besteht darin, dem Leid des Patienten nicht auszuweichen, es vielmehr beim Namen zu nennen. Indem der Therapeut das Leid des Kranken bezeugt, bejaht er ihn als einen Menschen, dem Schweres widerfahren ist. Allein die Erfahrung, in der Auseinandersetzung mit den eigenen Belastungen respektiert zu werden, löst positive Emotionen aus, die an den Belastungen selbst nichts ändern, aber als Gegenmittel wirken gegenüber der Angst, mit dem Leid alleingelassen zu sein. Eine Schmerzpatientin (E-Mail vom 12.06.2017): „Manchmal denke ich, es ist auch wichtig, dass wir Zeugen haben für unsere Schwierigkeiten und unser Leiden. Klingt das pathetisch? Aber es läuft darauf hinaus, nicht alleine zu sein mit all dem."

5.3   Aktivierung von Werten

Nicht nur die Schmerzen belasten, auch Erfahrungen abgrundtiefer Erschöpfung, verminderte Aufmerksamkeit und Konzentration, Übelkeit, Schwindel und reduzierte Belastbarkeit. Beschwernisse und Einschränkungen dieser Art erschüttern den Menschen in den Grundfesten seiner Existenz, bringen sein Selbstwert- und Identitätserleben ins Wanken, lösen nicht selten Sinn- und Identitätskrisen aus. Chronischer Schmerz ist schwer zu ertragen. Noch schwerer zu ertragen ist die Vorstellung, an etwas zu leiden, dem die Medizin „den Sinn abspricht" (Treichler, 2017, S. 120). Und so fragen sich schmerzkranke Menschen wieder und wieder: „Warum eigentlich? Warum habe ich das alles" (Christa Schuhmacher, in: krankheitserfahrungen.de)? Die Suche nach dem *Warum* chronischer Schmerzen entspringt der Hoffnung, mit der Antwort auf das Warum zugleich einen Sinn für die Schmerzen finden zu können. Im Laufe der Jahre wachsen viele Betroffene in die Erkenntnis hinein, dass es keine befriedigende Antwort gibt – zumindest *noch* nicht, nach dem heutigen Kenntnisstand der Medizin und Psychologie.

Wie reagieren Erkrankte auf diese Erkenntnis? Menschen mit einer religiösen Bindung wenden sich an Gott als oberste Berufungsinstanz: „Gott wird wissen, welchen Sinn das alles hat" (eine Schmerzpatientin, mündliche Äußerung). Einige Patienten resignieren. Manche fragen nicht mehr nach dem Warum, sondern nach dem Wozu ihres Lebens, das heißt, sie suchen nach einem Grund, für den es sich lohnt, weiterzuleben – *mit* ihrem Schmerz (Bozzaro et al., 2020).

> ▷   Eine Schmerzpatientin (in: Wendel, 2017, S. 20), die nach einem Blind-
>   darmdurchbruch und daraus resultierenden Narbenverwachsungen
>   anhaltend starke Schmerzen hat: „Ich musste lernen zu leben, unge-
>   achtet der Schmerzen. Ich habe nach dem Wozu gefragt. … Für mich
>   heißt, Sinn zu finden, meine Lebensaufgabe auch als kranker Mensch
>   zu finden. Das gibt mir geistigen und seelischen Halt."

In der Alltagssprache werden die Begriffe „Warum" und „Wozu" oft synonym verwendet. Und doch stehen sie für unterschiedliche Perspektiven: Die Warum-Frage ist kausal, zielt nach rückwärts, auf die Ursachen eines Geschehens. Für die Naturwissenschaften ist die Frage nach dem Warum, also nach den Gesetzmäßigkeiten, die einem bestimmten Geschehen zugrunde liegen, vor allem deshalb zentral, weil man sich von den Antworten Hinweise für die Prophylaxe und die Behandlung erhofft. Im Rahmen einer Therapie schmerzkranker Menschen hat die Suche nach den Ursachen jedoch auch eine problematische Seite: Sie kann vom

Betroffenen als Suche nach dem Schuldigen empfunden und damit zur zusätzlichen Belastung werden. Zudem ist die Fixierung auf das Warum mit der Gefahr verbunden, im Blick nach rückwärts verhaftet zu bleiben. Das Leben aber „kann nur in der Schau nach vorwärts gelebt werden" (Søren Kierkegaard). Dem vorwärts gerichteten Blick entspricht die Frage nach dem Wozu: „Wozu (woraufhin) kann und will ich weiterleben mit diesem Schmerz?" Aufgabe und Herausforderung des Therapeuten bestehen darin, dem Patienten bei der Auseinandersetzung mit dieser Frage zur Seite zu stehen. Gründe, die für das Sterben sprechen, sehen chronisch Erkrankte genug. Was sie brauchen, sind Gründe, die für das *Leben* sprechen, auch für ein Leben mit chronischem Schmerz. Ein Grund, der bei vielen Patienten für das Sterben spricht, ist der Verlust an Autonomie.

> ▸ Rob v. Z. (in: van der Zee, 2013, S. 93 f.), aufgrund seiner MS an chronischen Schmerzen leidend: „Viel schlimmer als der Schmerz ist die Abhängigkeit. Das ist Seelenschmerz, und der wird in letzter Zeit immer schlimmer. (…) Dass man um alles bitten, alles lange im Vorfeld organisieren muss – damit kann ich mich nur schwer abfinden."

Der Verlust an selbstständiger Lebensführung sollte nicht bagatellisiert, die Trauer darüber nicht als dysfunktional bewertet werden. Dieser Verlust ist von existentieller Bedeutung für einen jeden Menschen. Weshalb er anerkannt und gewürdigt werden sollte (vgl. Abschn. 4.1). Zugleich gilt es, dem Betroffenen eine Sichtweise zu vermitteln, wonach Abhängigkeit ein normales Merkmal unseres Menschseins ist, nicht aber ein Zeichen eigener Unzulänglichkeit. Der Begriff *Autonomie* (autos = selbst; nomos = das Gesetz) bedeutet so viel wie Selbstgesetzgebung oder Selbstbestimmung. Das heißt: Mit Autonomie ist nicht ‚Unabhängigkeit' gemeint, sondern die Fähigkeit, sich selbst das Gesetz zu geben, nach dem man lebt – auch im Falle bleibender Leistungseinbußen. Autonom ist nicht, wer ohne Hilfe auskommt. Autonom ist, wer sich über seine Fähigkeiten ebenso wie über seine Einschränkungen im Klaren ist und auch innerhalb der bestehenden Grenzen zu handeln vermag. Entscheidend für die Selbstgesetzgebung des Menschen sind seine *Werte*, seine Vorstellungen davon, was wirklich zählt im Leben.

> ▸ Samuel Koch (2019, S. 72) formuliert es so: „Meine Werte sind sozusagen mein innerer Kompass, nach dem ich mich ausrichte. Und anhand dessen ich mein Verhalten, meine Gefühle und meine Handlungen überprüfe."

Es sind die Werte des Menschen, die den Kern seines Wesens ausmachen, die ihm die Richtung weisen bei seiner Lebensgestaltung. Möglicherweise ändert sich durch den Schmerz die Art und Weise, wie ein bestimmter Wert umgesetzt werden kann, der Wert als solcher aber bleibt erhalten. Das heißt: Werte sind von überdauernder Natur, stärken das Bewusstsein des Kranken für die eigene Identität, vermitteln ihm ein Gefühl von Kontinuität in seiner Interaktion mit der Welt: „Auch wenn sich meine Situation in vielen Bereichen verändert hat, so bin ich doch immer noch der, der ich war" (ein Schmerzpatient, mündliche Äußerung).

Auch die achtsamkeits- und akzeptanzbezogenen Ansätze psychologischer Schmerztherapie betonen eine verstärkte Einbeziehung der Werte des Kranken. Die Haltung der Achtsamkeit und Akzeptanz, erstmals in fernöstlichen Religionen beschrieben, wird seit 2500 Jahren in verschiedenen Formen der Meditation praktiziert. Kern dieser Praxis ist die Erkenntnis, dass Leben immer auch Leiden bedeutet. Je mehr wir aber versuchen, „das Unabänderliche zu verändern, desto mehr verspannen wir uns und müssen leiden" (Rosenbaum, 2013, S. 13). Weshalb wir uns Leiderfahrungen nicht widersetzen, sie vielmehr anerkennen sollten – als etwas, das zum Leben gehört. Im Rahmen der Akzeptanz- und Commitment-Therapie (ACT) werden Patienten dazu angehalten, ihren Schmerz nicht länger zu bekämpfen, ihn vielmehr achtsam-akzeptierend zu beobachten „und sich anderen wichtigen persönlichen Zielen zuzuwenden, die mit Werten verbunden sind" (Diezemann & Korb, 2017, S. 340).

Aristoteles (in: Kranz, 1997, S. 242) zufolge besteht das „höchste Gut" eines jeden Menschen in der „Betätigung der Seele seiner Wertanlage entsprechend". Ein Leben zu führen, das den eigenen Anlagen und Werten entspricht, ist ein erfülltes Leben. Diese Vorstellung von einem erfüllten Leben behält ihre Gültigkeit, auch wenn der Betroffene nicht (mehr) dazu in der Lage ist, „ein wirtschaftlich und sozial aktives Leben zu führen", wie es in der WHO-Definition von Gesundheit heißt. Darüber hinaus: Der Einsatz für einen übergeordneten Wert ist die wohl wichtigste Quelle, aus der Menschen die Kraft zum Weiterleben schöpfen – auch zu einem Weiterleben mit bleibendem Schmerz. Beispiele für Werte sind Liebe, Toleranz, Disziplin, Ehrlichkeit, Freiheit, Zuverlässigkeit, Gerechtigkeit, Selbstbestimmung, Freundschaft, Weiterentwicklung, Treue, innerer Frieden, Freundlichkeit, Spiritualität, … Die folgenden Aussagen schmerzkranker Menschen stehen beispielhaft für konkrete Antworten auf die Frage nach dem Wozu eines Lebens mit chronischem Schmerz:

- Eine Schmerzpatientin (mündliche Äußerung): „Für mich selbst geht mir die Kraft manchmal aus. Aber ich will weiterleben – für meine Kinder."

- Im Tagebuch Frida Kahlos (in: Treichler, 2017, S. 132) findet sich folgender Eintrag: „Sobald ich meine Mutter wieder sah, sagte ich zu ihr: ‚Ich bin nicht gestorben. Und außerdem habe ich etwas, wofür es sich zu leben lohnt: die Malerei.‘"
- Der Schriftsteller Alphonse Daudet (2003, S. 14), der nach einer Syphilisinfektion unter sehr starken Schmerzen leidet, sieht es als seine Aufgabe an, „seine Nächsten nicht ebenfalls leiden zu lassen."

Die Werte eines Menschen sind oft in seinen Geschichten versteckt, ablesbar an dem Verhalten, das in diesen Geschichten zum Tragen kommt. Ergeben sich aus dem, was ein Patient von sich aus berichtet, nur wenige oder keine Hinweise auf seine persönlichen Wertvorstellungen, könnte der Therapeut nachfragen:[2]

- Welche Eigenschaften, Lebensinhalte und Anliegen machen Ihre Person aus?
- Was ist Ihnen wirklich wichtig im Leben?
- Was möchten Sie auf keinen Fall anders haben?
- Wer oder was hat Ihnen bei früheren Krisen Ihres Lebens geholfen?
- Welche Ihrer persönlichen Überzeugungen könnten Ihnen bei der Auseinandersetzung mit Ihrer gegenwärtigen Lage helfen?

In „Die Pest" von Camus (1966) erkennt Dr. Rieux die Grenzen seiner medizinischen Möglichkeiten an, auch reflektiert er seine Unfähigkeit, einen Sinn in der Pest zu sehen. Dennoch steht er den Menschen bei – aus einem einzigen Grund: um das Menschenmögliche in der gegebenen Lage zu tun. Als Motiv seines Handelns nennt er Ehrlichkeit: „Es handelt sich nicht um Heldentum in dieser ganzen Sache. Es handelt sich um Ehrlichkeit. Dieser Gedanke kann lächerlich wirken, aber die einzige Art, gegen die Pest zu kämpfen, ist die Ehrlichkeit" (ebd., S. 98). Im Original verwendet Camus das Wort *honnêteté*, übersetzt im Deutschen mit Ehrlichkeit, Anstand, Redlichkeit. Versteht man die Pest als Sinnbild für eine Heimsuchung und betrachtet man auch den chronischen Schmerz als eine Art Heimsuchung, so geht es in beiden Fällen um die Frage, wie sich Menschen angesichts eines solchen Geschehens verhalten. Die Antwort des Arztes: Es geht einzig darum, so zu handeln, wie es den eigenen Anlagen und Möglichkeiten entspricht. Am Beispiel des Arztes veranschaulicht Camus, dass immer dann, wenn

---

[2] Einige dieser Fragen erinnern an Fragen, die Menschen im Rahmen der „würdezentrierten Therapie" nach Chocinov (2017) gestellt werden, um ihnen dabei zu helfen, sich mit ihrem Sterben auseinanderzusetzen. Die Fragen sollen dazu beitragen, das Würdegefühl der Betroffenen zu stärken und sie dazu anzuregen, über ihr Leben zu reden, darüber, was ihnen besonders wichtig ist.

das Leben aus den Fugen gerät, die eigentliche Aufgabe darin besteht, der Realität der Heimsuchung ins Auge zu sehen, sie zu ertragen und die eigene Identität angesichts aller Unzumutbarkeiten zu bewahren.

▶ Wie aktuell diese Äußerung ist, zeigt folgendes Zitat einer Schmerz-
    patientin (E-Mail vom 12.08.2019): „Wenn man von Schmerzen etwas
    lernen kann: den Tatsachen ins Auge zu sehen, es gibt keinen Aus-
    weg, keine Flucht, kein Drumherum. Es gibt nur das, was ist, und mit
    dem, was ist, weiterzumachen. Seien es Schmerzen, sei es Angst oder
    Trauer und auch die Freude an dem, was vom Leben bleibt."

Objektive Aussagen darüber, was funktional oder dysfunktional ist im Umgang mit chronischem Schmerz, gibt es nicht! Es gibt nur subjektive Angaben darüber, was für diesen besonderen Menschen in seiner konkreten Situation funktional oder dysfunktional ist. Die Suche nach dem besten Umgang mit chronischem Schmerz kommt somit immer einer Suche nach den eigenen Wertvorstellungen, den eigenen Befähigungen und Begrenzungen gleich, einer Suche nach der Antwort auf folgende Frage: „Was für ein Mensch will ich sein – mit diesem Schmerz?"

Hilfreich bei dieser Suche ist das Vertrauen des Therapeuten in das innere Wissen des Patienten darüber, was für ihn ganz persönlich wichtig und richtig ist (vgl. Abschn. 4.2). Mit diesem Vertrauen wird möglich, was zur zentralen Aufgabe einer jeden Begleitung schmerzkranker Menschen gehört: gemeinsam mit dem Erkrankten die Schäden zu sichten, die der Schmerz hinterlassen hat, und die Schätze zu bergen, die unter den Trümmern verborgen liegen. Die Trümmer zu sichten und anzuheben (= anzusprechen), dafür braucht es Mut. Doch manchmal findet sich unter einer Trümmerscherbe etwas, das dem Betroffenen Halt und Kraft geben kann. Manchmal liegt ein Grund für das Weiterleben des Kranken genau neben dem Grund für seine Verzweiflung. Hierzu ein Beispiel:

Beispiel

Eine 22-jährige Patientin ist wegen eines Neurofibrosarkoms in der Halswirbelsäule mehrfach operiert, bestrahlt und mit Chemotherapie behandelt worden.[3] Zu Beginn des zweiten Gesprächs sagt sie (nicht klagend, doch unendlich traurig): „Mein Leben ist nichts wert. Ich bin noch jung, habe noch nichts erreicht und werde wohl auch nichts mehr erreichen."

---

[3] Das Beispiel wurde bereits veröffentlicht in: Frede (2007, S. 312 f.).

Th. (legt ein Blatt Papier, einen Bleistift und Farbstifte vor die Pt.): Frau C., in unserem ersten Gespräch haben Sie erwähnt, dass Sie gerne zeichnen. Wäre es möglich, ein Bild oder eine Skizze davon zu machen, wie Sie sich gerade fühlen?

Die Patientin greift sofort zum Bleistift, zeichnet – in sich versunken und konzentriert – eine Rose mit kräftigen Blütenblättern und einem dünnen Stil mit zwei kleinen Dornen. Die Rose steht auf sandigem Boden, umgeben von Unkraut. Auf einigen Blättern der Rose liegen große Wassertropfen. Die Stimmung ist düster. (Pt.: Es scheint keine Sonne.) Um die Rose herum zeichnet die Patientin einen feinen schwarzen Strich. Es sieht aus, als ob ein durchsichtiges Glas von oben über die Blume gestülpt worden sei. Nachdem Therapeutin und Patientin das Bild eine Weile betrachtet haben:

Th.: Sie haben eine Landschaft gemalt – mit einer Blume. Stellen Sie sich einmal vor, es kommt jemand vorbei. Ein Wanderer. Was sagt er wohl, wenn er die Rose sieht?

Pt.: Er wundert sich, dass die Rose hier wachsen kann. Er sagt: Es ist alles so hässlich, so dürr und sandig hier. Das ist ja wie ein Wunder, dass diese Rose unter solchen Bedingungen überleben kann. (Schaut überrascht auf, lächelt mit Tränen in den Augen): Komisch, ich erinnere mich, dass mir eine Freundin und jetzt auch meine Zimmernachbarin hier etwas Ähnliches gesagt haben: Es ist wie ein Wunder, dass du unter diesen Bedingungen überlebt hast – deine schlimme Kindheit, dann diese schwere Krankheit, von Krankenhaus zu Krankenhaus. Und dabei bist du lieb geblieben, gar nicht hart und verbittert.

Th.: Ihre Freundinnen bewundern und achten Sie, genau wie ein Wanderer diese Rose bewundern würde. (Pt. nickt.) Und die Rose? Wenn Sie sich vorstellen, die Rose auf dem Bild könnte sprechen? Was würde die Rose sagen?

Pt.: Ich habe hier wirklich keinen guten Platz. Aber ich erfreue Wanderer, die manchmal vorbeikommen und dann in dieser Gegend eine schöne Blume sehen. Ich habe nur zwei kleine Dornen (zeigt darauf). Ich kann mich nicht gut wehren. Doch ich habe einen unsichtbaren Schutz um mich. Den sieht man nur, wenn man genau hinschaut. Aber ich weiß, dass er da ist.

Th.: Einen Schutz?

Pt.: Ja, ich weiß einfach, dass Gott um mich ist. Gott ist nicht wie wir Menschen. Deshalb hier so dieser Strich um die Rose (zeigt auf das, was wie ein umgekehrtes Glas aussieht). Ich weiß nicht, wie ich das anders zeichnen soll. (Wieder in der Rolle der Rose): Gott weiß, dass ich hier keine guten Bedingungen habe. Aber hier ist eben mein Platz. Auch wenn ich ab und zu weine (zeigt auf die Tropfen).

Th.: Sie weinen, Rose …

Pt.: Ja, ich weine, ich muss hier in dieser hässlichen Gegend bleiben. Aber es ist *wichtig,* dass ich hier stehe. Und wenn nur *einer* vorbeikommt und sich freut, dann hat es doch schon einen Sinn!

Th.: Es ist wichtig, dass Sie da sind, Frau C. – wie die Rose. *Sie* sind wichtig? (Pt. nickt.) Frau C., was meinen Sie zu dem, was die Rose gesagt hat?

Pt. (lächelt): Vielleicht bin ich doch von Nutzen. Ist ja nicht viel, was ich noch tun kann, aber das, was ich kann, das *muss* ich tun. Man kann auch unter schlechten Bedingungen überleben, ohne böse zu werden (entschieden). Das ist auch schon etwas!

Th.: Das ist sehr viel! Und längst nicht selbstverständlich. Das ist etwas Besonderes. Menschen, die Ihnen begegnen, bemerken das. Vielleicht werden auch diese Menschen einmal in eine schwierige Lage geraten. Und dann werden sie sich an Sie erinnern … Ich zum Beispiel *werde* an Sie denken, sollte ich auch einmal krank werden!◄

Mit der Bitte, ihrer Hoffnungslosigkeit in einem *Bild* Ausdruck zu geben, wird Frau C. in eine aktive Rolle versetzt, in der sie wieder Zugang zu ihren kreativen Begabungen findet. In der Rolle eines fiktiven Wanderers betrachtet sie sich selbst von außen, gewinnt auf diese Weise ein wenig Abstand von sich und ihrer Situation. Inzwischen weisen immer mehr Untersuchungen darauf hin, dass „die Einnahme der Perspektive eines unbeteiligten Beobachters" ein entscheidender Wirkmechanismus psychotherapeutischer Behandlung ist – unabhängig von der Therapiemethode (Burck, 2019, S. 130). Diesem Anliegen (die Patientin zur *Beobachterin* ihrer Situation zu machen) dient die Aufforderung zum Rollenwechsel – zunächst mit dem Wanderer, dann mit der Rose. Im Rollenwechsel gelingt es Frau C., bei sich selbst Aspekte wahrzunehmen, die ihr bislang nicht bewusst gewesen sind: Ihr Wert als Mensch hängt nicht von bestimmten Leistungen ab, basiert vielmehr darauf, dass sie inmitten widriger Umstände nicht bitter und böse geworden ist. Was an diesem Beispiel deutlich wird: Aus der bildhaften Gestaltung ihrer Hoffnungslosigkeit ergeben sich Hinweise auf die Ressourcen der Kranken – nicht durch Vorgaben seitens der Therapeutin, sondern aus ihrem eigenen Inneren heraus. Im Rollenwechsel mit dem Wanderer und der Rose muss Frau C. improvisieren. Das heißt: Sie muss spontan Argumente entwickeln, die diesen Rollen entsprechen. Gewohnte Denk- und Bewertungsmuster werden auf diese Weise unterbrochen, Sichtweisen entwickelt, die ihrem Wesen ebenso entsprechen wie ihrem persönlichen Erfahrungshintergrund. Moreno (1973, S. 189) beschreibt den Rollenwechsel auch als „Lehr- und Lerntechnik", weil ein Mensch besser und nachhaltiger lernt, wenn er das zu Lernende nicht nur hört, sondern mit seinen eigenen Worten selbst erklärt. Danach ist zu erwarten, dass die Patientin die im Rollenwechsel formulierte Sicht eher übernimmt und beibehält, als wenn sie Ähnliches von ihrer Therapeutin gehört hätte. Auch der Einstellungsforschung zufolge machen sich Menschen ein Argument, auf das sie *selbst* gekommen sind, schneller und dauerhafter zu eigen als Argumente, die ihnen von einer anderen Person (z. B. dem Therapeuten) nahegelegt worden sind (Frank, 1985). In diesem Beispiel besteht die Aufgabe der Therapeutin lediglich darin, gemeinsam mit der Patientin die ‚Hässlichkeit' ihrer Situation (die Trümmer) anzuschauen. Vor dem Hintergrund dieser Hässlichkeit leuchtet die Schönheit der Rose auf: Trotz ungünstiger sozialer Lebensumstände, trotz Krankheit und Schmerz ist Frau C. ihrem freundlichen Wesen treu geblieben.

Die Frage nach dem Sinn der eigenen Schmerzen ist letztlich immer auch eine Frage nach dem Sinn des eigenen Lebens – und damit eine Frage, die nur von dem Einzelnen selbst beantwortet werden kann: durch die Art und Weise, *wie* er sein Leben mit seinen Schmerzen gestaltet. Manche Menschen finden die Antwort auf die Frage „Was für ein Mensch will ich sein?" recht schnell, andere wachsen erst allmählich in eine Antwort hinein, benötigen Monate oder Jahre. Das ist allein schon deshalb nachvollziehbar, weil im Falle chronischer Schmerzen lange Zeit der *Schmerz* im Zentrum der Aufmerksamkeit steht, nicht aber er – der Erkrankte. Auch hat jeder Mensch ein ihm eigenes Tempo bei der Entwicklung eines neuen Lebenskonzepts. Der Therapeut sollte das Tempo des Patienten respektieren und ihm mit eigenen Worten das zu vermitteln suchen, was Rainer Maria Rilke (1994, S. 21) an einen jungen Dichter schreibt:

> „...und ich möchte Sie, so gut ich es kann, bitten, (...) Geduld zu haben gegen alles Ungelöste in Ihrem Herzen und zu versuchen, *die Fragen selbst* liebzuhaben (...). *Leben* Sie jetzt die Fragen. Vielleicht leben Sie dann allmählich, ohne es zu merken, eines fernen Tages in die Antwort hinein."

Zusammengefasst

Nicht nur ein leistungsfähiges Leben ist ein erfülltes Leben. Auch ein Leben mit bleibenden Einbußen kann lebenswert sein. Entscheidend dafür ist, dass der Betroffene ein neues Lebenskonzept entwickelt, das sowohl seinen Möglichkeiten als auch seinen Einschränkungen entspricht. Für diese Entwicklung gibt es keine Norm, da sie abhängig ist von der individuellen Person und

Situation des Erkrankten, seinen inneren und äußeren Kraftquellen, seinen Vorstellungen davon, worauf es ankommt im Leben. Letztlich mündet die Suche nach dem rechten Umgang mit chronischem Schmerz in die Auseinandersetzung mit folgender Frage: „Was für ein Mensch will ich sein?" Antworten auf diese Frage erwachsen vor allem aus den Werten des Kranken. Weshalb ihre Aktivierung zu den zentralen Aufgaben einer jeden Psychotherapie im Falle chronischer Schmerzen gehört.

Fazit

6

Auch wenn wir inzwischen über eine Vielzahl evidenzbasierter Einzelerkenntnisse zu chronischen Schmerzen verfügen, lässt sich derzeit noch kein in sich stimmiges Gesamtkonzept zu ihrer Erklärung und Behandlung erstellen. Studienergebnisse zur Wirksamkeit einzelner Therapieverfahren sind uneinheitlich. Zugleich steigt die Zahl chronisch schmerzkranker Menschen kontinuierlich an. In dieser Situation stellt sich die Frage nach den Möglichkeiten einer Psychotherapie, nicht um die Schmerzen betroffener Menschen zu lindern, vielmehr um ihr Wertgefühl und Wohlbefinden zu steigern – *trotz* ihrer Schmerzen.

Im Hinblick auf dieses Anliegen geht es bei der Psychotherapie im Falle chronischer Schmerzen vor allem darum, die Trümmer zu sichten, die der Schmerz hinterlassen hat, und die Schätze zu bergen, die unter den Trümmern verborgen liegen. Diese Schätze sind es, die dem Erkrankten ein Gefühl für seinen Wert als Mensch vermitteln und den Grundstein für ein neues Lebenskonzept bilden – *mit* seinem Schmerz. Schmerz lässt sich nicht immer lindern, mitunter aber das Leiden an diesem Schmerz. So wir nicht müde werden, nach den Schätzen in der Person und im Leben der Kranken zu suchen.

U. Frede, *Psychotherapie mit chronisch schmerzkranken Menschen,* essentials, https://doi.org/10.1007/978-3-658-35053-6_6

Erratum zu: Psychotherapie mit chronisch schmerzkranken Menschen

Erratum zu:
U. Frede, *Psychotherapie mit chronisch schmerzkranken Menschen,* **essentials,**
https://doi.org/10.1007/978-3-658-35053-6

Die Originalversion des Buches wurde revidiert. Die unnötigen Überschriften „Fragen" zu didaktischen Boxen wurden entfernt.

Die aktualisierten Versionen der Kapitel sind verfügbar unter
https://doi.org/10.1007/978-3-658-35053-6_2
https://doi.org/10.1007/978-3-658-35053-6_3
https://doi.org/10.1007/978-3-658-35053-6_4
https://doi.org/10.1007/978-3-658-35053-6_5

Was Sie aus diesem *essential* mitnehmen können

Eine Psychotherapie – gleich welcher theoretischer Ausrichtung – kann sich auch dann als für Patient und Therapeut befriedigend erweisen, wenn sich am Schmerz des Betroffenen kaum etwas ändert. Dafür sind folgende Aspekte entscheidend:

- Der Schwerpunkt der Aufmerksamkeit liegt nicht auf dem Schmerz, sondern auf der Person des Kranken.
- Der Therapeut versteht sich nicht als Experte des Problems chronischer Schmerzen, vielmehr als solidarischer Partner des Betroffenen bei seiner Auseinandersetzung mit folgender Frage: „Was für ein Mensch will ich sein – mit diesem Schmerz?"
- Bei der Entwicklung einer Antwort auf diese Frage zentriert sich der Therapeut nicht auf die Defizite des Patienten, sondern auf seine inneren und äußeren Kraftquellen. Denn diese Kraftquellen sind es, aus denen ihm die Kraft zum Ertragen seiner Schmerzen erwächst, der Mut zu einer Neuorientierung sowie das Bewusstsein für seinen Wert als Mensch.

Literatur

aerzteblatt.de. (2013). Interkulturelle Kompetenz: Kulturelle Demut schafft Vertrauen. https://www.aerzteblatt.de/archiv/148766/Interkulturelle-Kompetenz-Kulturelle-Demut-schafft-Vertrauen. Zugegriffen: 16. Apr. 2020.

aerzteblatt.de. (2019). Schmerzpatienten weiterhin unterversorgt. https://www.aerzteblatt.de/nachrichten/103337/Schmerzpatienten-weiterhin-unterversorgt. Zugegriffen: 15. Mai 2020.

Bauer, J. (2007). *Prinzip Menschlichkeit. Warum wir von Natur aus kooperieren*. Hoffmann und Campe.

Bialas, P. (2020). Schmerz und Wertschätzung. Was hat das mit meinen Muskeln zu tun? *Schmerzmedizin, 36*(2), 56.

Böker, H. (2007). *Angststörungen. Was stimmt? Die wichtigsten Antworten*. Herder.

Bozzaro, C., Koesling, D., & Frede, U. (2020). Vom Warum zum Wozu. Zur Bedeutung einer philosophisch-existentialistischen Haltung bei der Behandlung von Patienten mit chronischen Schmerzen. *Der Schmerz, 34,* 326–331.

Burck, E. (2019). *Angst. Was hilft wirklich gegen Angst und Panik? Die effektivsten Strategien aus Sicht der Forschung.* BoD.

Camus, A. (1966). *Die Pest.* rororo.

CartAndArt. https://www.cardandart.de/pablo-picasso/347/pablo-picasso-verschraenkte-haende-postkarte. Zugegriffen: 14. März 2021.

Cermak, I. (1983). *Ich klage nicht. Begegnungen mit der Krankheit in Selbstzeugnissen schöpferischer Menschen.* Diogenes.

Chibuzor-Hüls, J., Casser, H.-R., Birklein, F., & Geber, Ch. (2020). Wenn Rückenschmerzen chronisch werden. *Schmerzmedizin, 36*(4), 40–46.

Chochinov, H. M. (2017). *Würdezentrierte Therapie: Was bleibt – Erinnerungen am Ende des Lebens.* Vandenhoeck & Ruprecht.

Daudet, A. (2003). *Im Land der Schmerzen.* Hrsg. v. J. Barnes. Manholt.

Diezemann, A., & Korb, J. (2017). Akzeptanz- und Commitment-Therapie. In B. Kröner-Herwig, J. Frettlöh, R. Klinger, & P. Nilges (Hrsg.), *Schmerzpsychotherapie. Grundlagen, Diagnostik, Krankheitsbilder, Behandlung* (S. 337–348). Springer.

Dolan, B., & Cold, J. (1993). *Psychopathic and antisocial personality disorders. Treatment and research issues.* Gaskell – The Royal College of Psychiatrists.

Erikson, E. H. (1980). *Identität und Lebenszyklus.* Suhrkamp.

© Der/die Herausgeber bzw. der/die Autor(en), exklusiv lizenziert durch Springer Fachmedien Wiesbaden GmbH, ein Teil von Springer Nature 2021
U. Frede, *Psychotherapie mit chronisch schmerzkranken Menschen*, essentials, https://doi.org/10.1007/978-3-658-35053-6

Fiedler, P. (2004). Ressourcenorientierte Psychotherapie Bei Persönlichkeitsstörungen. *Psychotherapeutenjournal, 1,* 4–12.

Fiedler, P. (2017). Ressourcenorientierte Psychotherapie. In R. Frank (Hrsg.), *Therapieziel Wohlbefinden. Ressourcen aktivieren in der Psychotherapie* (S. 21–34). Springer.

Frank, J. D. (1985). *Die Heiler. Über psychotherapeutische Wirkungsweisen vom Schamanismus bis zu den modernen Therapien.* Deutscher Taschenbuch Verlag.

Frank, R. (Hrsg.). (2017). *Therapieziel Wohlbefinden. Ressourcen aktivieren in der Psychotherapie.* Springer.

Frede, U. (2007). *Herausforderung Schmerz. Psychologische Begleitung von Schmerzpatienten.* Pabst Science.

Frede, U. (2017). Praxis psychologischer Schmerztherapie – Kritische Reflexion aus der Patientenperspektive. In B. Kröner-Herwig, J. Frettlöh, R. Klinger, & P. Nilges (Hrsg.), *Schmerzpsychotherapie. Grundlagen, Diagnostik, Krankheitsbilder, Behandlung* (S. 431–447). Springer.

Frede, U. (2018). Einsamkeit bei chronischem Schmerz – Hintergründe und therapeutische Möglichkeiten. In T. Hax-Schoppenhorst (Hrsg.), *Das Einsamkeits-Buch. Wie Gesundheitsberufe einsame Menschen verstehen, unterstützen und integrieren können* (S. 238–250). Hogrefe.

Frettlöh, J., & Hermann, C. (2017). Kognitiv-behaviorale Therapie. In B. Kröner-Herwig, J. Frettlöh, R. Klinger, & P. Nilges (Hrsg.), *Schmerzpsychotherapie. Grundlagen, Diagnostik, Krankheitsbilder, Behandlung* (S. 349–371). Springer.

Gadamer, H.-G. (2003). *Schmerz. Einschätzungen aus medizinischer, philosophischer und therapeutischer Sicht.* Universitätsverlag Winter.

Gasser, R. (2020). Macht der Vorstellungskraft. http://docplayer.org/137861116-Macht-der-Vorstellungskraft.html. Zugegriffen: 16. Apr. 2020.

Grawe, K. (2004). *Neuropsychotherapie.* Hogrefe.

Hänle, D. (2015). *Es ist, wie es ist. Mein Leben mit dem Schmerz.* BoD.

Harris, R. (2013). *Wer vor dem Schmerz flieht, wird von ihm eingeholt. Unterstützung in schwierigen Zeiten.* Kösel.

Hasenbring, M. I., Korb, J., & Pfingsten, M. (2017). Psychologische Mechanismen der Chronifizierung – Konsequenzen für die Prävention. In B. Kröner-Herwig, J. Frettlöh, R. Klinger, & P. Nilges (Hrsg.), *Schmerzpsychotherapie. Grundlagen, Diagnostik, Krankheitsbilder, Behandlung* (S. 115–131). Springer.

Höhl, R. (2020). Herausforderung Schmerzen im Alter. *Schmerzmedizin, 36*(5), 10–11.

Honneth, A. (2010). *Kampf um Anerkennung. Zur moralischen Grammatik sozialer Konflikte.* Suhrkamp.

Hook, J. N., Owen, J., Davis, D. E., Worthington, E. L., & Utsey, S. O. (2013). Cultural humility: Measuring openness to culturally diverse clients. *Journal of Counseling Psychology, 60*(3), 353–366.

Jelitto, A. (2019). *Es tut so weh. Lösungen für einen heilsamen Umgang mit chronischem Schmerz.* Fischer & Gann.

Kaiser, U., & Nilges, P. (2015). Verhaltenstherapeutische Konzepte in der Therapie chronischer Schmerzen. *Der Schmerz, 2,* 179–185.

Koch, S. (2019). *Steh auf Mensch. Was macht uns stark? Kein Resilienz-Ratgeber.* adeo.

Kohut, H. (1990). *Narzissmus. Eine Theorie der psychoanalytischen Behandlung narzisstischer Persönlichkeitsstörungen.* Suhrkamp.

krankheitserfahrungen.de. (2019). Erfahrungen mit Gesundheit, Krankheit und Medizin. http://krankheitserfahrungen.de/module/chronischer-schmerz/personen. Zugegriffen: 19. Juli 2020.

Kranz, W. (1997). *Die Griechische Philosophie. Zugleich eine Einführung in die Philosophie überhaupt.* Parkland.

Kretz, L. (1981). *Witz, Humor und Ironie bei Jesus.* Walter.

Kröner-Herwig, B., & Frettlöh, J. (2017). Behandlung chronischer Schmerzsyndrome. Plädoyer für einen interdisziplinären Therapieansatz. In B. Kröner-Herwig, J. Frettlöh, R. Klinger, & P. Nilges (Hrsg.), *Schmerzpsychotherapie. Grundlagen, Diagnostik, Krankheitsbilder, Behandlung* (S. 277–301). Springer.

Kröner-Herwig, B., Frettlöh, J., Klinger, R., & Nilges, P. (2017). *Schmerzpsychotherapie. Grundlagen, Diagnostik, Krankheitsbilder, Behandlung.* Springer.

Lenz, S. (2000). *Über den Schmerz.* dtv.

Lieberman, M. D., Eisenberger, N. I., Crockett, M. J., Tom, S. M., Pfeifer, J. H., & Way, B. M. (2007). Putting feelings into words: Affect labeling disrupts amygdala activity in response to affective stimuli. *Psychological Science, 18,* 421–428.

Maio, G. (2014). *Medizin ohne Maß? Vom Diktat des Machbaren zu einer Ethik der Besonnenheit.* TRIAS.

Maio, G. (2017). *Mittelpunkt Mensch. Lehrbuch der Ethik in der Medizin.* Schattauer.

Maio, G. (2018). *Werte für die Medizin. Warum die Heilberufe ihre eigene Identität verteidigen müssen.* Kösel.

Meurer, F., & Otten, P. (2013). *Bibel reloaded.* Gütersloher Verlagshaus.

Morris, D. B. (1996). *Geschichte des Schmerzes.* Suhrkamp.

Moreno, J. L. (1973). *Gruppenpsychotherapie und Psychodrama. Einleitung in die Theorie und Praxis.* Thieme.

Nissen-Lie, H. A. (2013). Demut und Selbstzweifel sind Kennzeichen eines guten Therapeuten. https://de.innerself.com/content/personal/attitudes-transformed/behavior/22383-humility-and-self-doubt-are-hallmarks-of-a-good-therapist.html. Zugegriffen: 19. Juli 2020.

NLC Info. (2019). https://nlc-info.org/forschung/putting-feelings-into-words/. Zugegriffen: 13. Juli 2020.

Pfingsten, M., & Hildebrandt, J. (2017). Rückenschmerzen. In B. Kröner-Herwig, J. Frettlöh, R. Klinger, & P. Nilges (Hrsg.), *Schmerzpsychotherapie. Grundlagen, Diagnostik, Krankheitsbilder, Behandlung* (S. 531–553). Springer.

Pieper, A. (2000). *Søren Kierkegaard.* Beck.

Pleger, W. H. (1998). *Sokrates. Der Beginn des philosophischen Dialogs.* rororo.

Pozzo di Borgo, P. (2012). *Ziemlich beste Freunde.* Hanser.

Pozzo di Borgo, P. (2015). *Ich und Du. Mein Traum von Gemeinschaft jenseits des Egoismus.* Hanser.

Pozzo di Borgo, P., Vanier, J., & de Cherisey, L. (2012). *Ziemlich verletzlich, ziemlich stark. Wege zu einer solidarischen Gesellschaft.* Hanser.

Rilke, R. M. (1987). *Werke I. Gedichte.* Erster Teil. Insel.

Rilke, R. M. (1994). *Briefe an einen jungen Dichter.* Insel.

Rogers, C. R. (1973). *Die klient-bezogene Gesprächstherapie. Client-Centered Therapy.* Kindler.

Rosa, H. (2019). *Unverfügbarkeit.* Residenz.

Rosenbaum, E. (2013). *Jetzt spüre ich das Leben wieder. Achtsamkeitsübungen bei chronischen Schmerzen, Krebs und anderen schweren Erkrankungen.* Integral.

Schmid, W. (2005). *Schönes Leben? Einführung in die Lebenskunst.* Suhrkamp.

Schmitz, B. (2016). *Der Schmerz ist die Krankheit. Wie ich lernte, mit meinen Kopfschmerzen zu leben.* Rowohlt.

Schmitz-Emans, M. (1994). *Das Problem Sprache. Poesie und Sprachreflexion.* Studienbrief. Kurseinheit 3. FernUniversität Hagen.

Sehouli, J. (2018). *Von der Kunst, schlechte Nachrichten gut zu überbringen.* Kösel.

Seligman, M. E. P. (2003). *Der Glücks-Faktor. Warum Optimisten länger leben.* Ehrenwirth.

Tölle, T. R., & Schiessl, Ch. (2019). *Das Handbuch gegen den Schmerz. Rücken, Kopf, Gelenke, seltene Erkrankungen. Was wirklich hilft.* ZS Verlag.

Treichler, M. (2017). *Die Botschaft des Schmerzes. Anregung und Orientierung für Betroffene, Ärzte und Therapeuten.* Info 3.

Van der Zee, S. (2013). *Schmerz. Eine Biografie.* Knaus.

von Ameln, F., & Kramer, J. (2014). *Psychodrama. Grundlagen.* Springer.

Wendel, K. (2017). *Chronisch hoffnungsvoll. Stärken finden in einem Leben mit Krankheit.* SCM.

Yalom, I. D. (2002). *Der Panama-Hut oder Was einen guten Therapeuten ausmacht.* Btb.

Printed in the United States
by Baker & Taylor Publisher Services